人人伽利略系列 26

星系・黑洞・外星人

充滿謎團的星系構造與演化

人人出版

人人伽利略系列 26

充滿謎團的星系構造與演化

星系·黑洞·外星人

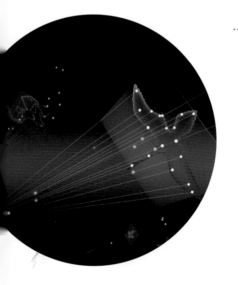

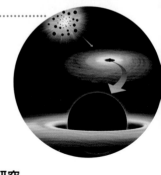

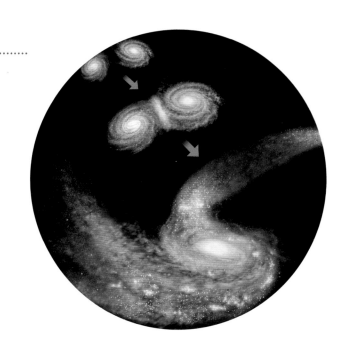

4 星系的碰撞與演化

協助 森 正夫／嶋作一大／柏川伸成

5 星系組成宇宙的大尺度結構

協助 杉山 直

6 搜尋地球外智慧生物！

協助 鳴澤真也／田村元秀／山岸明彥／福江 純／小紫公也／原田知廣

銀河系的形貌

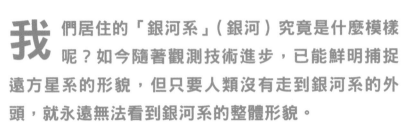

1

　我們居住的「銀河系」（銀河）究竟是什麼模樣呢？如今隨著觀測技術進步，已能鮮明捕捉遠方星系的形貌，但只要人類沒有走到銀河系的外頭，就永遠無法看到銀河系的整體形貌。

　宋代的知名文豪蘇軾曾經寫下：「不識盧山真面目，只緣身在此山中。」今日的科學家們正致力於闡明銀河系的真正形貌，本篇就為您介紹相關研究的第一線！

協助　岡村定矩／千葉柾司／坪井昌人／中西裕之／松永典之／
向山信治／郷田直輝／坂井伸行／麗莎・藍道爾

銀河是我們從內側觀看銀河系的模樣

自古以來，人們就被橫跨夜空的銀河所深深吸引，讚歎那是多麼不可思議的奇景。

東方的人們把它當成一條天上的河川，稱為「天河」；西方的希臘神話則認為那是天神宙斯的妻子赫拉的乳汁潑灑在夜空而鋪成的道路，因此稱之為「乳道」（Milky Way）。現代社會由於人工燈光的增加，銀河中較暗淡的星光愈來愈不明顯，尤其在都會區，更是不容易看到明亮耀眼的整條銀河了。所以，古人對銀河的印象及感覺，應該會比現代人更強烈吧！

銀河的本體究竟是什麼呢？第一個給出科學性解答的人，是被譽為天文學之父的義大利科學家伽利略（Galileo Galilei，1564～1642）。他於1609年舉起當時剛發明的望遠鏡朝向銀河，赫然發現璀璨耀眼的銀河竟然是無數顆恆星組成的集團。

其後藉由各式各樣的觀測，逐漸明白了銀河的詳細構造。右圖為根據目前已知資料所推測的銀河本體「銀河系」（Milky Way Galaxy）的形貌。銀河系只是眾多星系之一。

銀河系是由包含太陽在內的1000億～數千億顆恆星聚集而成的螺旋星系（spiral galaxy），正確來說，是棒旋星系（barred spiral galaxy）。它的形狀像一個中央鼓脹起來的圓盤，有如荷包蛋。相當於蛋黃的部分稱為「核球」（bulge），圓盤的部分具有手臂般的構造。

銀河系的可見直徑廣達10萬光年，而我們的太陽系位於距中心2萬7000光年的地方，和鄰近的恆星一起繞著銀河系中心旋轉，繞一圈大約要2億5000萬年。銀河這條夜空的光帶就是從銀河系內側環視銀河系所看到的景象。

由於我們是從內部觀看銀河系，所以銀河會成為一條連續的長帶，其中比較濃密寬廣的部分即為銀河系核球的方位。

帶子的中央看似有黑色的縫隙，並非那個地方沒有恆星，而是濃密的宇宙塵（cosmic dust）遮住了其背後射來的星光，所以變暗了。

利用可見光看到的銀河。把左端和右端連接起來，呈現出環繞全天一周的銀河全景。圖像中央的銀河系中心方位最明亮。

銀河系中心的方位

仙女座星系　　　　　　大麥哲倫雲

我們居住的銀河系看起來宛如帶子

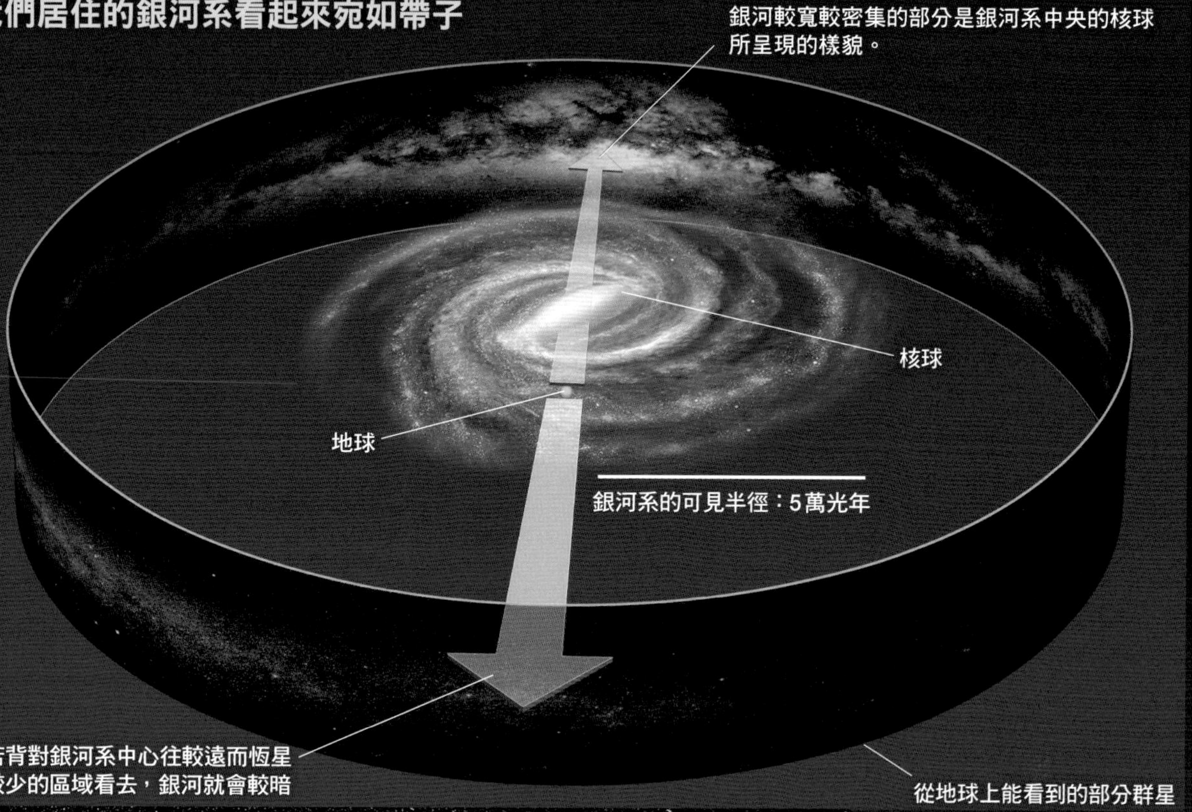

銀河較寬較密集的部分是銀河系中央的核球所呈現的樣貌。

核球

地球

銀河系的可見半徑：5萬光年

若背對銀河系中心往較遠而恆星較少的區域看去，銀河就會較暗

從地球上能看到的部分群星

接下來一起看看銀河系的真實面貌吧！這些插畫是根據最新的發現，儘可能正確描繪出的意象圖。
　　構成銀河系的首要「材料」，是類似太陽這樣的恆星。無數顆恆星分布成圓盤般的形狀，上有螺旋模樣，如果從外面來看，應該會看到這樣的美麗景象吧！
　　中央隆起的部位稱為「核球」。銀河系的核球究竟是接近球形？或是稱為「棒狀結構」的圓柱形？迄今尚未定論，但根據近年的研究成果，銀河系中心有根棒子應該是八九不離十。

太陽的位置

此頁插圖比前一頁從更低的視角觀看銀河系。銀河系的可見直徑
廣達10萬光年。也就是說，即使光以 1 秒鐘30萬公里（約地球赤
道周長 7 圈半）的速度行進，也要花上10萬年才能橫越，可見銀
河系有多大。其中的恆星有大約1000億～數千億顆，太陽只是其
中之一。太陽位於距離銀河系中心 2 萬7000光年左右的地方。巨
大的銀河系圓盤不停地旋轉，我們的地球也跟隨太陽繞著銀河系
中心旋轉，轉一圈要花 2 億5000萬年左右。銀河系圓盤的旋轉面
和地球繞太陽公轉的旋轉面並不一致。海王星繞太陽公轉的軌道
直徑約為90億公里，在這張插圖上只相當於 8 奈米（奈為10億分
之 1 ）的長度。

太陽的位置

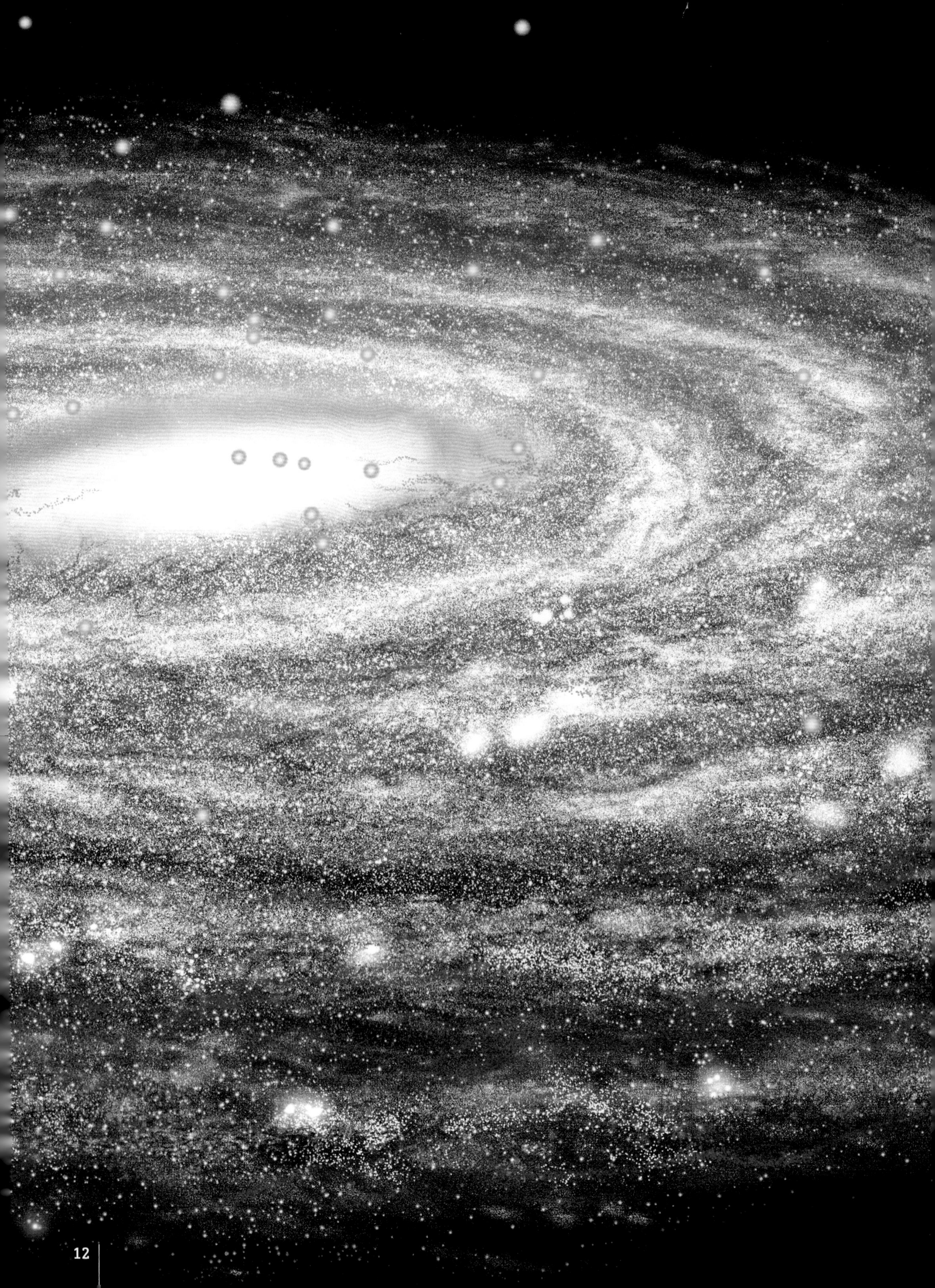

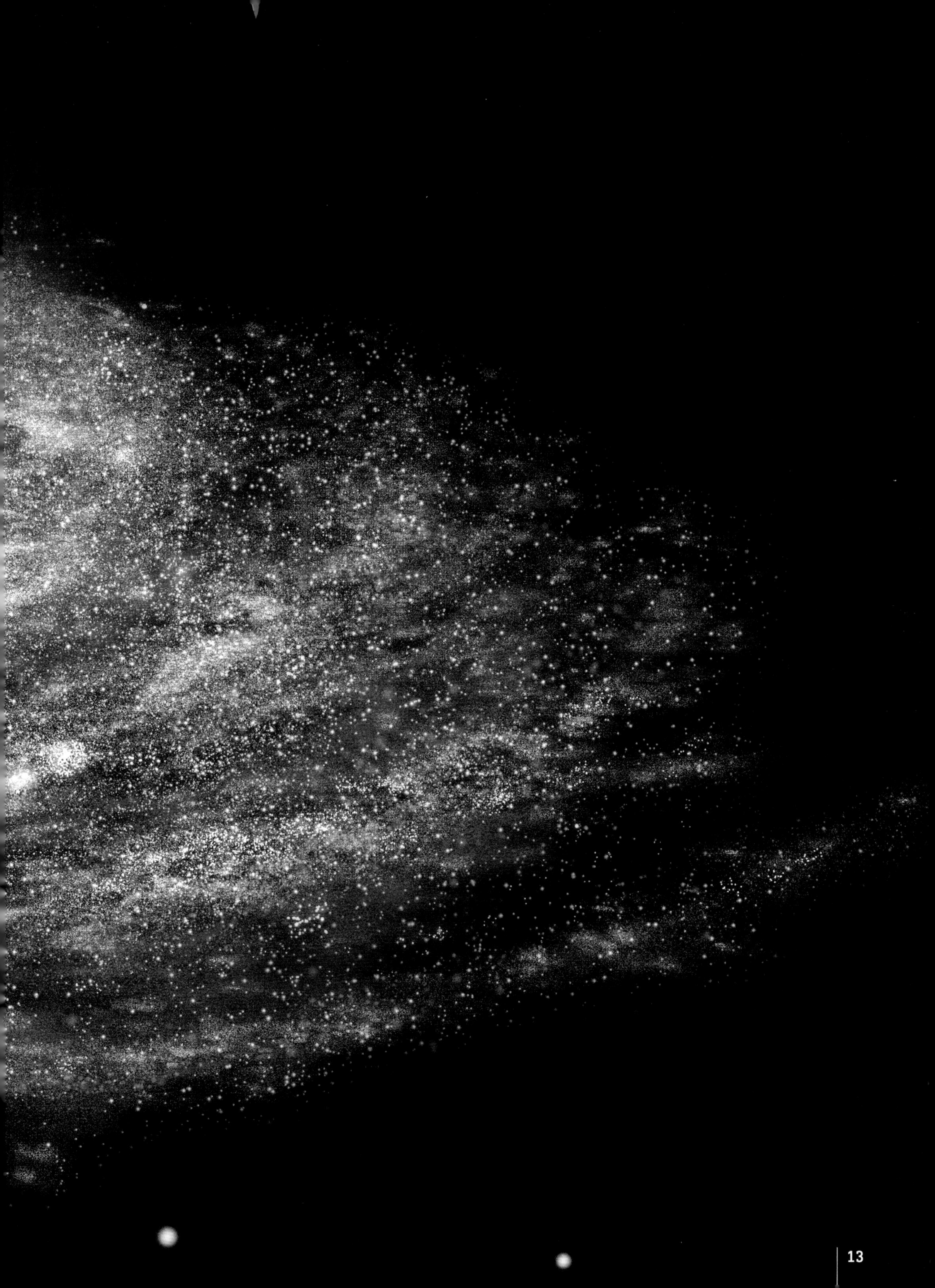

本頁插圖是從正上方俯瞰銀河系。那些明亮的旋轉帶稱為「旋臂」(spiral arm，或簡稱為「臂」)，是眾多恆星誕生的地方。它們看起來好像是朝中央的膨脹棒狀結構下沉，但實際上並非如此，旋臂上的許多恆星和組成恆星的氣體都在旋轉。而在銀河系中旋轉，基本上都會返回原處。

銀河系中有多個旋臂，我們的太陽系位於「獵戶臂」中。

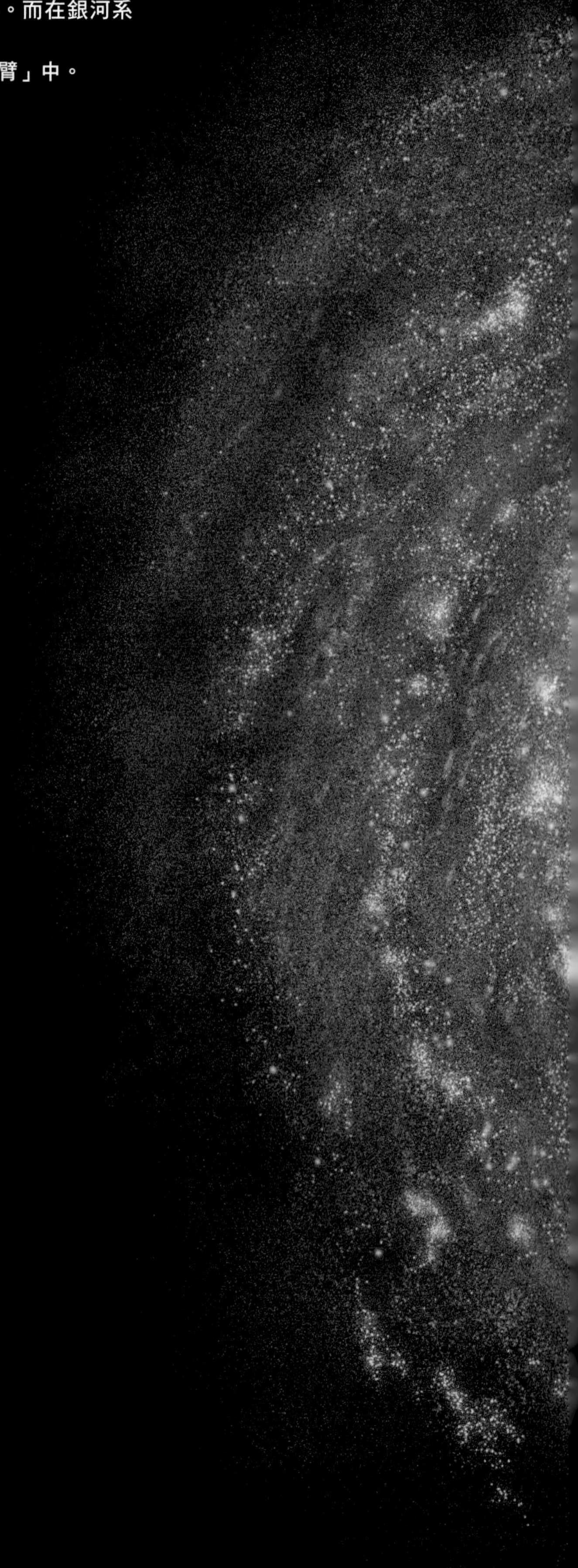

太陽的位置

本頁插圖是從正側面觀看銀河系，並非截面圖。銀河系圓盤的厚度，在太陽附近為2000光年左右，在中心部分為1萬5000光年左右。以直徑10萬光年來考量，即可了解這個圓盤可說相當扁薄。目前已知，在圓盤的周圍有約160個稱為「球狀星團」（globular cluster）的恆星集團（在插圖上只能以黃色顆粒來呈現）。不過，在距離圓盤非常遙遠的地方，還有許多球狀星團存在，分布的樣子看起來就像把圓盤團團包圍似地。在這張插圖中並沒有全部描繪出來。

您喜歡銀河系的真面貌嗎？接下來，一起來看看人類如何一步一步得到這個結論吧！

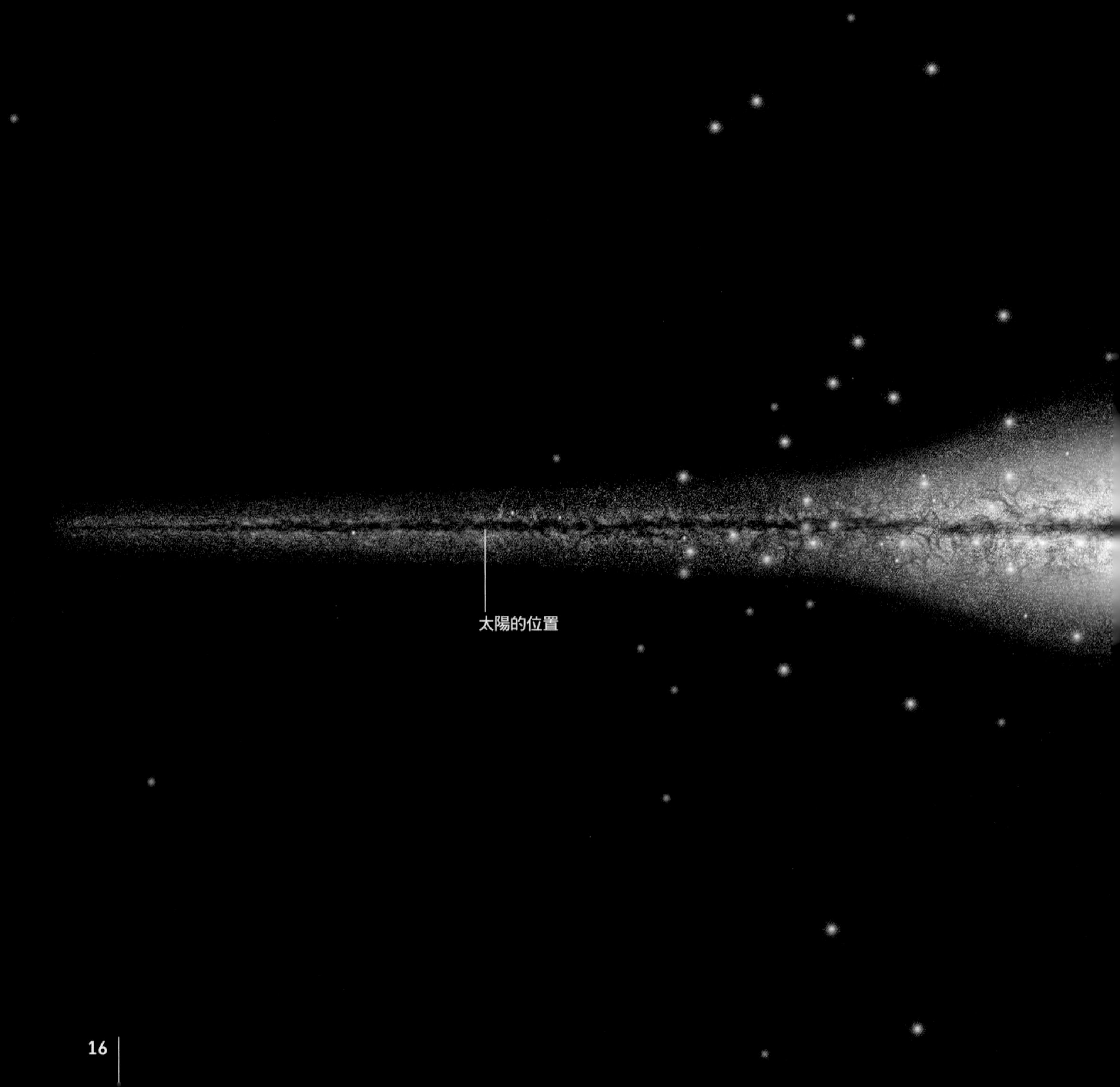

太陽的位置

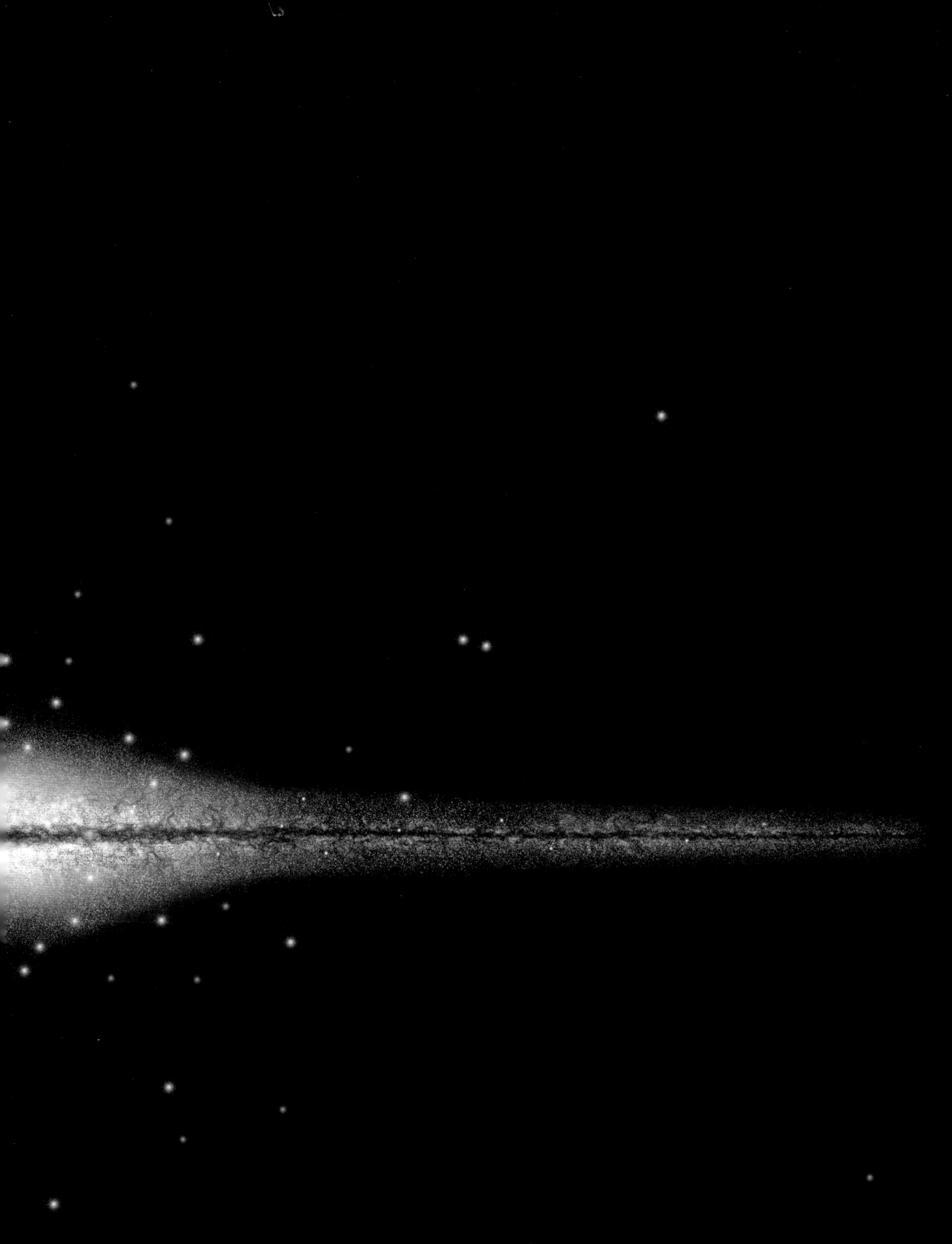

宇宙是什麼形狀呢？最初是從恆星的數量來推測

恆星的世界是什麼形狀呢？一直到了18世紀後半葉，才開始有人針對這個問題進行科學性調查。當時還沒有「銀河系」這個概念，人們以為在夜空所看到的天體就是宇宙的全部。英國天文學家赫歇爾（Frederick William Herschel，1738～1822）以發現天王星而聞名，他使用當時最高等級的自製望遠鏡，觀測並點數各個方向上的恆星數量。當時還沒有發明計測地球至恆星距離的方法，因此，赫歇爾依據每個單位面積的恆星數量多寡，來推測那個方向的深度（遠度）。

赫歇爾調查了683個區域，推論出宇宙的形狀是稍具厚度的圓盤狀。銀河的方向可以看到較多恆星，所以這個方向的距離較深。赫歇爾的方法欠缺嚴謹度，卻奠定了現代銀河系形貌的基礎。他能觀測到的範圍，即使在銀河系中，也僅限於恆星的光所達的部分範圍，**卻完美地說中了銀河系基本上是一個圓盤狀構造**。不過如前言所述，當時並沒有銀河系的概念，赫歇爾本人其實是打算測量整個宇宙的形貌。

▌螺旋狀的天體位在銀河系裡面嗎？

到了20世紀初葉，陸續發現多個螺旋狀的天體。目前已知這些天體是銀河系外面的其他星系，但當時並不明白這些天體的本體，因為之前還無法測量這些天體間的距離。因此，有人認為這些螺旋狀天體是銀河系（當時認為這就是整個宇宙）裡面的天體，也有人主張這些天體是距離銀河系相當遙遠的天體，兩派爭論不休。這個爭論牽涉到一個大問題，那就是：宇宙的範圍就是銀河系的大小嗎？或者，宇宙的範圍超過銀河系且延伸到更為遙遠的地方呢？

赫歇爾的測定方法

赫歇爾依據恆星的數量推測出銀河系（宇宙）的形貌。此時必須先做三個假設：全部恆星的實際亮度都相等、恆星為均勻分布且沒有疏密之分、可以看到銀河系（宇宙）的盡頭。赫歇爾本人有注意到這三個假設不夠嚴謹，但以當時的技術和知識來說，並無法解決這些問題。

天球上有 3 顆恆星
→空間大小是 3 顆恆星的範圍

個別的區域

從地面上看去，恆星好像貼附在天球（celestial sphere）上。使用望遠鏡點數天球各個區域的恆星，依據該數量來推測該區域往更遠處的深度。此插圖的區域大小做了誇張顯示。實際上在赫歇爾的觀測中，各個區域的大小只有半個滿月的程度。

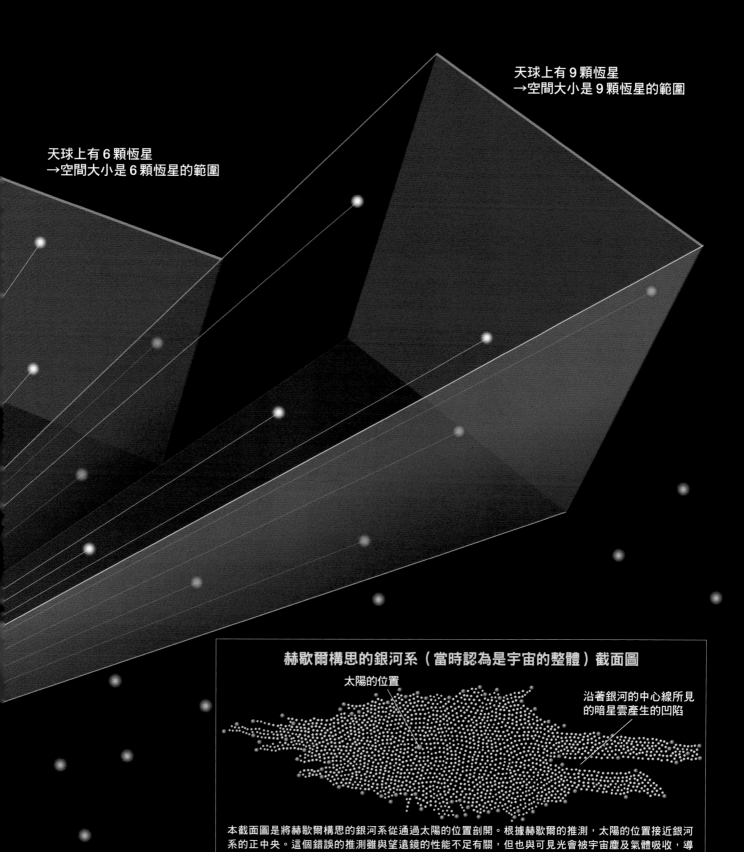

天球上有 6 顆恆星
→空間大小是 6 顆恆星的範圍

天球上有 9 顆恆星
→空間大小是 9 顆恆星的範圍

赫歇爾構思的銀河系（當時認為是宇宙的整體）截面圖

太陽的位置

沿著銀河的中心線所見
的暗星雲產生的凹陷

本截面圖是將赫歇爾構思的銀河系從通過太陽的位置剖開。根據赫歇爾的推測，太陽的位置接近銀河
系的正中央。這個錯誤的推測雖與望遠鏡的性能不足有關，但也與可見光會被宇宙塵及氣體吸收，導
致觀測範圍受限有很大的關係。順便一提，在宇宙塵特別大量聚集的「暗星雲」（dark nebula）區
域，因不容易看到恆星，使赫歇爾的模型產生了不自然的「凹陷」。

大麥哲倫雲
距離地球約16萬光年，為大小約1.4萬光年的
小星系。在南半球的夜空中，占有滿月的20
倍面積。

銀河系
直徑約10萬光年的棒旋星系。

大麥哲倫雲
距離地球約16萬光年，為大小約1.4萬光年的
小星系。在南半球的夜空中，占有滿月的20
倍面積。

逐漸了解宇宙的範圍
其實擴展至銀河系外面

宇宙的範圍就是銀河系這樣的大小嗎？或是擴展到銀河系的外面呢？美國天文學家哈伯（Edwin Powell Hubble，1889～1953）解答了這個疑問，且大幅顛覆人類對宇宙形貌的想像。

主張行星環繞太陽公轉的地動說，到了17世紀末期漸漸受到大家認同。另一方面，人們也開始想像在太陽系的外面，有個散布著恆星的世界。20世紀初期對恆星世界的範圍及形貌已有了粗略了解，但還是沒有銀河系或星系之類的概念。

不過在夜空中可以看到顯然與恆星不一樣的「星雲」。恆星看起來只是一個明亮的點，而星雲則擴散成一朵朦朧的雲。1920年，美國國家科學院（NAS）的年會上發生了一場後來被稱為「世紀天文大辯論」的激辯。爭論的焦點在於星雲是我們這個恆星集團（銀河系）內的天體，還是位於遙遠之處的天體。換句話說，就是在爭論「宇宙的範圍擴展到什麼程度」。

仙女座「星雲」是位於銀河系外面的「星系」

哈伯在1924年把這場爭論畫上了句點。他證實了仙女座星雲是位於銀河系外面的天體。仙女座「星雲」其實是和銀河系一樣由許多恆星組成的「星系」。由此，**闡明了宇宙的範圍擴至銀河系的外面，宇宙中分布著眾多與銀河系相同的星系**。從此時開始，人類所知道的宇宙大小一下子擴大了100倍、1000倍。

本圖所示為銀河系和其周邊的代表性星系。哈伯觀測仙女座星系裡面的「造父變星」（Cepheid variable）並求算它的距離。造父變星是能根據性質來測量距離的珍貴天體。觀測結果得知其距離大約為90萬光年，遠遠超出當時已知的銀河系大小（現在測得仙女座星系的距離約為250萬光年）。由此得知，仙女座星系位在銀河系外面。

仙女座星系
距離地球大約250萬光年，為直徑約15～22萬光年的螺旋星系。在北半球光憑肉眼也能隱約看到。

小麥哲倫雲
距離地球大約20萬光年，為大小約7000光年的小星系。

來觀看其他星系的形狀

綜合前述，我們的銀河系只是宇宙中無數個星系之一而已。那其他星系到底長什麼樣子呢？

右頁的背景相片，為使用哈伯太空望遠鏡（Hubble Space Telescope）拍攝到的「哈伯超深領域」（Hubble Ultra Deep Field，HUDF），這個區域幾乎沒有銀河系的恆星存在，可看到無數個顏色、形狀各異的星系。**全宇宙的星系數量大概和銀河系內的恆星一樣多，大約有1000億～數千億個。**

可將其他星系的形狀，當作銀河系形狀的參考。在這個時代，我們已能看到百億光年之遠的星系，但卻對最貼近我們的銀河系，感到難以捉摸，說起來也是十分諷刺。

星系的形狀有哪些類型？

星系的形狀主要有橢圓星系、螺旋星系、不規則星系這三種。橢圓星系大多由紅色恆星組成，形狀就像一個旋轉呈扁平形狀的軟式網球或橄欖球。紅色恆星的年齡比較大，所以橢圓星系可能是在比較古老的年代形成的天體。

螺旋星系是擁有螺旋模樣的薄圓盤星系。和橢圓星系恰成對比，裡頭擠滿了年輕的恆星。有些螺旋星系的中心可看到棒狀結構，特別稱之為棒旋星系。棒的大小依各星系有所不同。

還有無法歸類為橢圓星系或螺旋星系的不規則星系。一般而言，它的質量比較小。宇宙中這種類型的星系最多，它們可能會互相碰撞、合併而成長為更大的星系。而同樣也無法被歸類的還有透鏡星系，這種類型介於橢圓星系和螺旋星系之間，擁有圓盤，但沒有螺旋模樣。

我們的銀河系屬於棒旋星系，從次頁開始將會具體說明如何做出這個判斷。

螺旋星系
距離地球大約250萬光年的鄰居「仙女座星系」，具有美麗的螺旋模樣，藉由和銀河系間的引力交互作用，往銀河系的方向逐漸靠近。

棒旋星系

位於天爐座方向上的棒旋星系「NGC 1365」。距離地球大約6000萬光年。

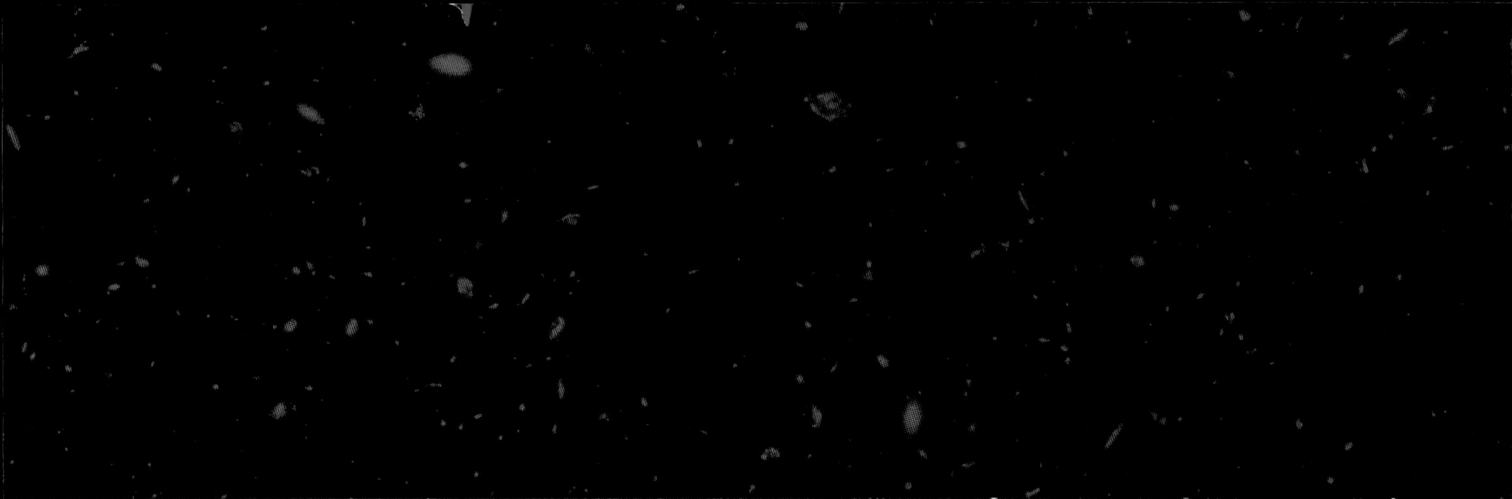

橢圓星系

不規則星系

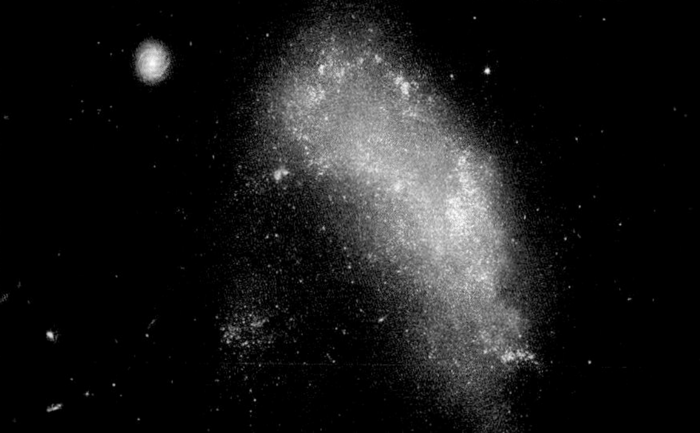

星系的基本結構

核球

旋臂

棒狀結構

圓盤

此外還有包圍著圓盤的球狀區域，稱為「星系暈」。

我們的銀河系真的是圓盤形？

請回憶一下本篇開頭的插圖。首先，我們來想想看，銀河系真的是這樣的圓盤形狀嗎？

銀河看起來像一條細長的帶子，會讓人覺得銀河系應該是扁平的形狀。赫歇爾的觀測結果認為銀河系（宇宙）是圓盤形。而觀察銀河系以外的星系，可以發現許多扁平圓盤形的螺旋星系。**這些圓盤形星系正在旋轉這件事，一直到了20世紀才逐漸明白。**

1927年，哈伯才剛建立星系暨銀河系這個概念沒多久，荷蘭天文學家歐特（Jan Hendrik Oort，1900～1992）確認了銀河系正在旋轉中。他測定太陽附近的恆星運動，並參考其他星系的例子提出了一個主張：如果銀河系這個由恆星聚集而成的「可變形板子」在做旋轉運動的話，它應該是圓盤形。從赫歇爾開始的「銀河系圓盤說」，終於受到了肯定。

在此之前，主要都在探討銀河系的首要組成材料——恆星。接下來必須來談談做為恆星原料的次要組成材料——氫分子和氫原子等氣體。

利用一般的光（可見光）不太容易看到氣體，但若利用無線電波便能清楚看見。天文學家利用無線電波觀測氣體並加以分析，獲得了有關氣體運動的資料（Doppler effect，都卜勒效應）。這個資料和假設氣體分布成圓盤形並在做旋轉運動的模型完全符合。這些在1950年代正式利用無線電波進行觀測後才逐漸明白的事，進而確立了銀河系為圓盤形的推測。累積這些觀測證據之後，確認了銀河系為圓盤形。

直徑等數值並沒有獲得確實的證據

我們接著來思考銀河系的大小和地球的位置。想要知道銀河系的大小，只要先求出圓盤的半徑就行了，但這非常艱鉅。在天文學中，測量天體的距離是最重要，也是最困難的事情。若只是單純地觀看夜空的恆星，完全沒有辦法得知恆星的距離。

測量天體的距離有好幾個方法，若是要測量銀河系這種數萬光年的距離，可以根據恆星的光抵達地球時減弱了多少的程度來推算。不過這個測量方法的誤差很大。而且，我們原本打算測量從地球到銀河系中心的距離，但也可能測量到比銀河系中心更近的恆星。

從地球到銀河系中心的距離，其實是組合各種方法再加以推算的結果。現在以2萬7000光年左右的說法最為有力。但即使是如此基本的資料，事實上也無法很精確。

因此，銀河系整體的大小推算為直徑10萬光年，也沒辦法很精確。

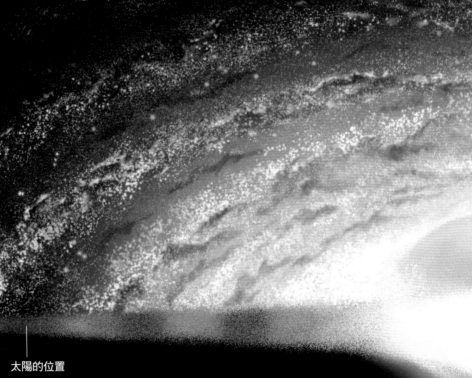

太陽的位置

銀河系的截面圖
跨頁插圖為銀河系的截面圖。圓盤的直徑大約10萬光年，地球距離圓盤中心大約2萬7000光年。圓盤中心有一個稱為核球的巨大恆星集團，而我們銀河系的核球為棒狀的構造。

什麼是都卜勒效應？

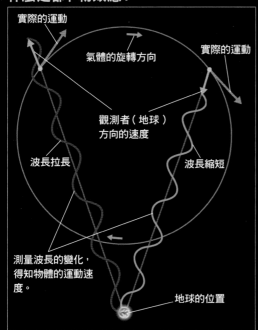

- 實際的運動
- 氣體的旋轉方向
- 實際的運動
- 觀測者（地球）方向的速度
- 波長拉長
- 波長縮短
- 測量波長的變化，得知物體的運動速度。
- 地球的位置

所謂的都卜勒效應，是指運動中的物體所放出的音或光（都具有波的性質）的波長，會隨著觀測者看到的物體運動速度而變化。例如當救護車逐漸接近時，警笛聲聽起來音調較高，通過自己的面前後，警笛聲音調就會降低，就是都卜勒效應。分析這個效應，可以得知運動中的物體是以多快的速度接近或遠離觀測者（插圖中為地球）。不過，利用這個方法所得知的速度，畢竟只限於觀測者方向的速度。而且實際上在分析的時候，還必須把地球本身的運動納入考量。

銀河系圓盤氣體的運動與都卜勒效應

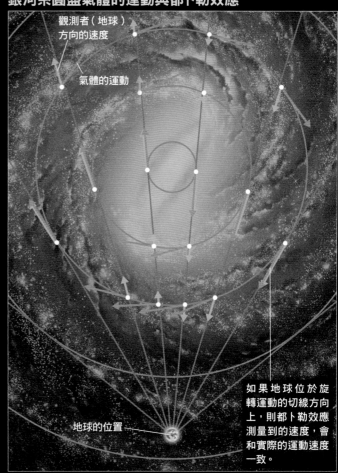

- 觀測者（地球）方向的速度
- 氣體的運動
- 地球的位置
- 如果地球位於旋轉運動的切線方向上，則都卜勒效應測量到的速度，會和實際的運動速度一致。

利用都卜勒效應測量銀河系圓盤氣體運動的概念圖。觀測其他星系，可以得知大多數星系的圓盤旋轉速度，從圓盤內側到外側都大致保持一定。因此，科學家推測我們銀河系的圓盤旋轉速度也是大致保持一定，而且這個模型符合都卜勒效應的觀測結果。黃色箭頭表示利用都卜勒效應測量的速度，粉紅色箭頭表示推定的圓盤旋轉運動。黃色和粉紅色重疊的地方，為地球位於旋轉運動切線方向上的情況。在這個情況用都卜勒效應測量出的速度，和實際的運動速度一致。依據這個值可以算出，銀河系圓盤的旋轉速度在圓盤的廣大範圍內，保持著每秒220公里左右的速度。

銀河系圓盤的直徑並不是正確測量出來的數值。把從地球到銀河系中心的距離，加上另外一側從地球到邊緣端點的距離，就可以得到銀河系的半徑，再把這個數值乘上兩倍即為直徑。但是，從地球到與銀河系中心相反方向的邊緣端點的距離並不確定。日本鹿兒島大學學術研究院理工學域理學系物理暨宇宙專科的中西裕之副教授表示：「近年來，在距離銀河系中心5萬光年以外的地方仍發現一些恆星，所以嚴格來說，銀河系圓盤的直徑超過10萬光年以上。話雖如此，因為大多數恆星都位於直徑10萬光年的範圍內，所以拿直徑10萬光年做為基準也是可以的。」

為什麼會知道有螺旋模樣呢？

星系的螺旋模樣稱為「旋臂」，我們的銀河系也有臂，詳見插圖所示。我們身處銀河系的圓盤裡面，是藉由什麼樣的線索能得知臂的模樣呢？在1900年左右，就已經有人提出銀河系擁有螺旋的說法，但這只是從其他星系（當時還沒有星系的概念）類推而來的想法。直到1950年代用無線電波觀測圓盤之後，才真正取得科學上的根據。

或許有人會從「螺旋星系」這樣的說法或觀點，認為臂是恆星往銀河系中心流動所形成的「紋路」，跟颱風的風往中心吹進去一樣。但這是錯的，螺旋星系的恆星雖然在做旋轉運動（公轉），但繞行星系一圈後，基本上仍會回到相同的場所。

臂究竟是什麼東西呢？是因眾多恆星誕生而發亮的區域。在螺旋星系的圓盤中，恆星的原料氣體跟著恆星一起旋轉。可是，氣體在圓盤中的分布並不均勻。**在旋轉運動的過程中，氣體密度會產生濃淡的差異，亦即產生密度波。這個密度波很容易形成螺旋狀，在密度高的地方便會孕育出恆星。結果，這個部分發出了明亮閃耀的光芒，就形成我們看到的臂。這個旋臂的產生機制稱為「密度波理論」（density wave theory）**。這是旅美的華人天文學家林家翹和徐遐生，在1960年代中期為解釋螺旋星系的臂結構所推出的理論，所以也稱為「林-徐密度波理論」。

銀河系的旋臂位置要如何調查呢？臂會在氣體密度較高的地方形成，也就是說，只要調查圓盤的什麼地方有濃密的氣體聚集，就能得知銀河系有臂存在，甚至知道它的位置。還可用都卜勒效應調查氣體的密度。在前頁，只說明了氣體在地球方向的運動速度，但其實這個時候也能夠測量密度。

日本鹿兒島大學的中西裕之副教授說：「到目前為止，我也是利用同樣的方法研究臂的構造，而根據最新的觀測數據所做的分析，**得知銀河系擁有4條明顯的臂構造，我們的太陽位於其中比較淡的臂構造（獵戶臂）。**」

銀河系旋臂位置的推定

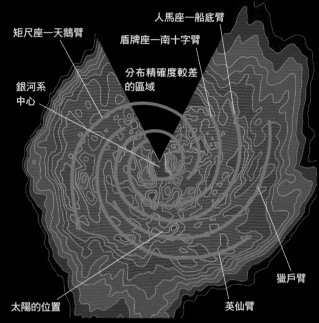

矩尺座—天鵝臂
人馬座—船底臂
盾牌座—南十字臂
分布精確度較差的區域
銀河系中心
獵戶臂
太陽的位置
英仙臂

在推定臂的位置時，除了參考氣體的密度分布，還要加上將臂的「捲曲程度」化為數值的結果。臂中的明亮恆星壽命比較短，燃料燒完的速度比較快。因此，氣體密度較高的部分會轉移，使孕育恆星的區域隨之轉移，導致臂的位置也跟著移動。孕育恆星的區域轉移，和恆星及氣體本身的旋轉運動並不一致。此外，有人可能會以為臂和臂之間的部分沒有恆星存在，其實只是明亮的恆星比臂的部分少，還是有許多恆星存在的。

沿著棒狀結構有2隻短臂

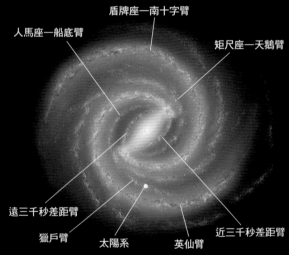

盾牌座—南十字臂
人馬座—船底臂
矩尺座—天鵝臂
遠三千秒差距臂
獵戶臂
太陽系
英仙臂
近三千秒差距臂

銀河系的圓盤中，除了上圖介紹的5條臂之外，可能還有2條沿著銀河系中心的棒狀結構，為短臂「遠三千秒差距臂」（Far 3kpc Arm）和「近三千秒差距臂」（Near 3kpc Arm）。後者在1950年代才被人指出它的存在，前者更是到了2008年才有人提出報告。

銀河系圓盤的氣體密度分布

跨頁插圖所示為中西裕之副教授測量的銀河系圓盤氣體密度分布，越明亮的地方表示氣體的密度越高。

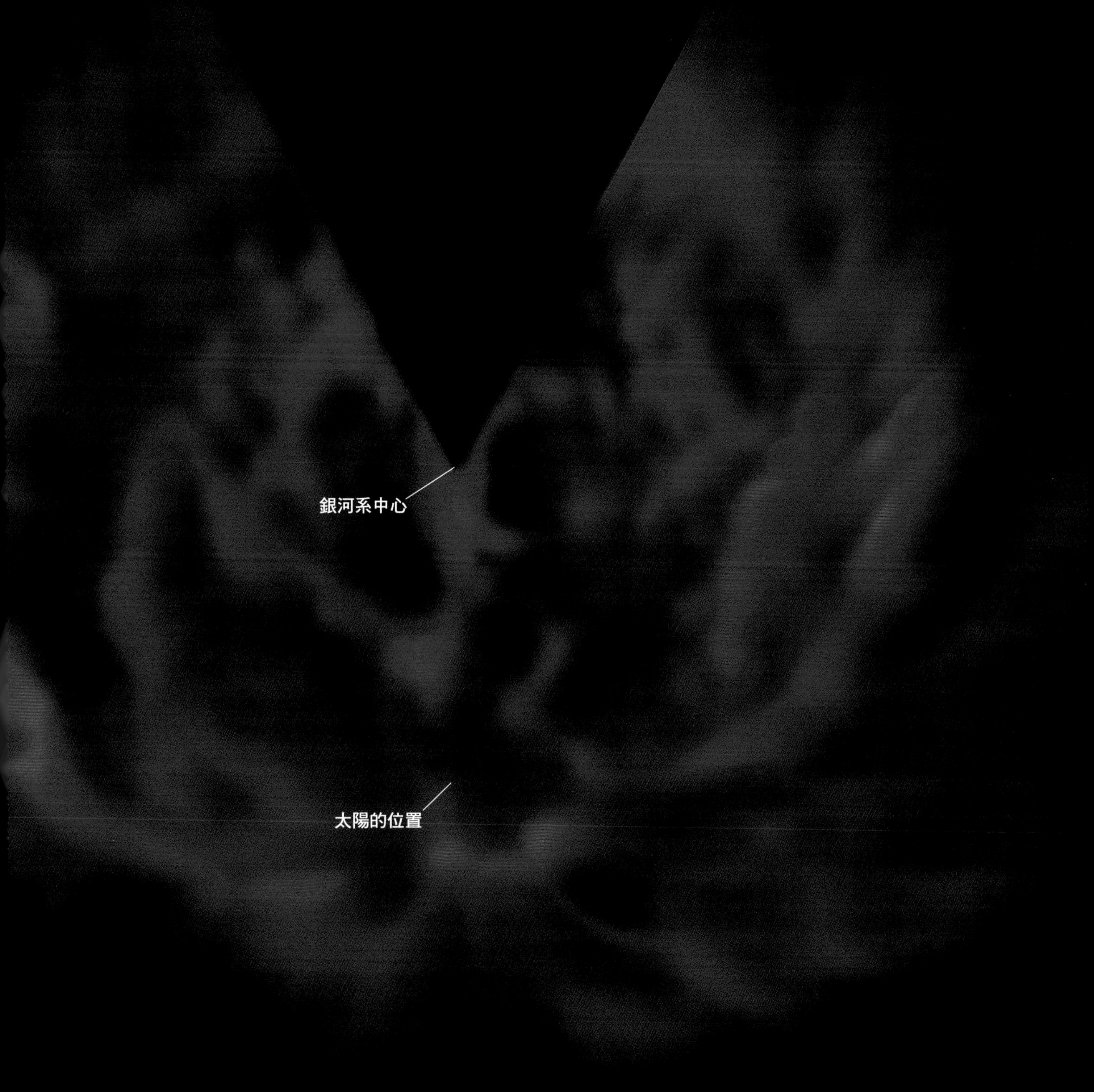

銀河系中心

太陽的位置

銀河系中心有一根「棒子」？

「**棒**子」這個說法聽起來十分奇妙，但觀察其他螺旋星系的圖像，有些確實有這樣貫穿中心的棒狀結構。在星系構造的數值模擬中，也有形成棒子的例子，所以這並不是那麼突兀的事情。

同為日本國立天文台名譽教授的真鍋盛二和宮本昌典，分析了銀河系的旋轉運動，於1970年代提出這個主張：「銀河系的中心區域是不是也有棒狀結構的存在呢？」

不過，由於途中的宇宙塵和氣體太多，無法利用一般的光（可見光）觀測銀河系中心，因此對於棒狀結構的相關研究始終遲滯不前。

利用紅外線進行觀測而發現棒狀結構的證據

從1980年代起，進行大規模紅外線觀測得以看到銀河系中心區域，才使這個狀況大幅改變。發現了棒狀結構存在證據的日本東京大學中田好一名譽教授說：

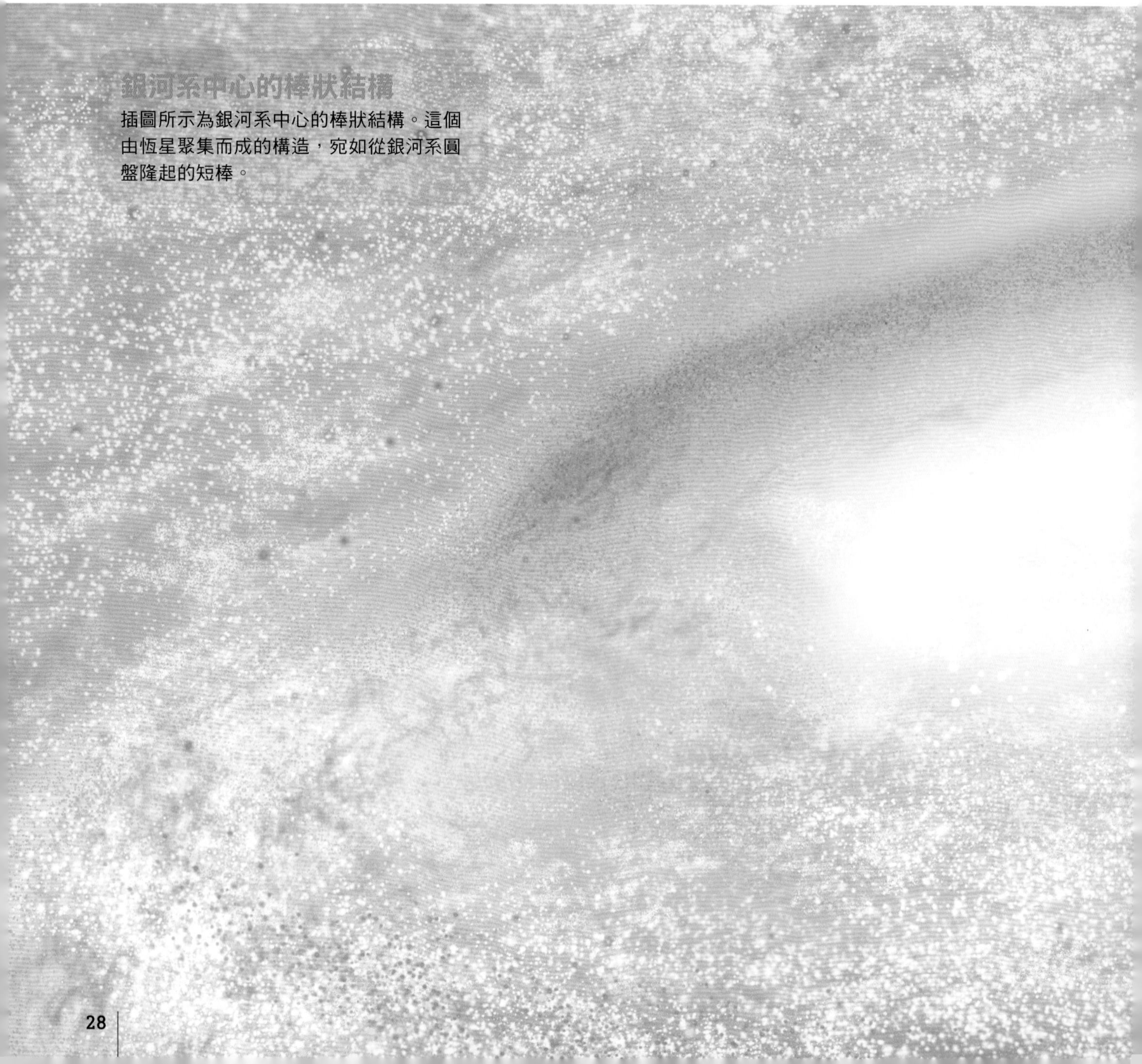

銀河系中心的棒狀結構

插圖所示為銀河系中心的棒狀結構。這個由恆星聚集而成的構造，宛如從銀河系圓盤隆起的短棒。

「利用紅外線在銀河系中心方向調查明亮恆星的位置，發現以銀河系中心為界，恆星的分布有很大的不同。從地球看去，銀河系中心的左側可以看到許多明亮的恆星。」這個現象最自然的解釋就是：銀河系中心附近的恆星聚集成棒狀，從地球看去，棒子的一端朝左前方延伸而來，另一端朝其相反側，亦即從右後方延伸而去。因為棒子的左前側比較靠近地球，所以看起來較為明亮。

2005年，日本宮城教育大學西山正吾副教授使用日本名古屋大學佐藤修二名譽教授等人在南非建造的口徑1.4公尺紅外線望遠鏡，發現棒狀結構的內側藏著第二層棒狀結構。日本東京大學松永典之助教也使用同一架望遠鏡，利用變星對棒狀結構進行詳細的調查。

ESA（歐洲太空總署）於2013年12月發射了衛星「蓋亞號」（Gaia，觀測銀河系恆星的位置及運動），十分期待它對棒狀結構形狀的調查結果。這個衛星能以前所未有的高精度，測量可見光所見的恆星距離，從而直接確定棒狀結構中眾多恆星的距離。目前，天文學界正如火如荼地使用蓋亞號進行觀測作業、分析其觀測數據，未來可望根據它所公布的資料，使我們對棒狀結構的理解得到飛躍性的進展。

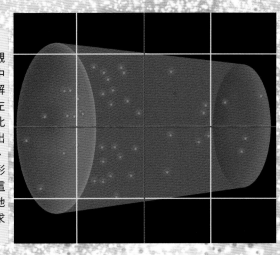

支持棒狀結構存在的證據

本圖所示為中田好一名譽教授利用紅外線觀測到銀河系中心附近的明亮恆星分布。以中心為界，左側的明亮恆星比較多。要合理解釋這個現象，是其中心有棒狀結構，棒子左側比較靠近地球，所以那裡的恆星看起來比較明亮。除此之外，也有不少天文學家提出報告，根據中心附近的氣體及恆星的運動、因紅色恆星發出的近紅外線而明亮的區域形狀等等，顯示有棒狀結構存在。可以依據這些觀測結果，對棒狀結構的長度、相對於地球的角度等等做幾何學的推定。因此正確求得恆星的距離非常重要。

銀河系中心有一個
巨大的黑洞

黑洞擁有巨大的質量，即使是光也無法從那裡逃脫。天文學家發現了各種間接證據，判斷銀河系中心確實有一個巨大的黑洞。德國物理學會的根舍（Reinhard Genzel，1952～）研究團隊和美國加州大學洛杉磯分校天文學教授蓋茲（Andrea Mia Ghez，1965～）的研究團隊，耗費24年的時間調查銀河系中心附近一顆恆星的運動，發現這顆恆星以某個點為焦點，做著週期約16年的橢圓運動。這顆恆星最接近焦點時的距離，約為太陽至冥王星的3倍距離，這時的速度非常猛烈，秒速至少5000公里以上。

這顆恆星的運動顯示出焦點位置有巨大的質量存在。根據其軌道和運動來計算，位於這個焦點的質量是太陽的400萬倍左右。但這個地方並沒有明亮的恆星存在，因此，位於這個焦點的天體，除了黑洞之外找不出其他答案。

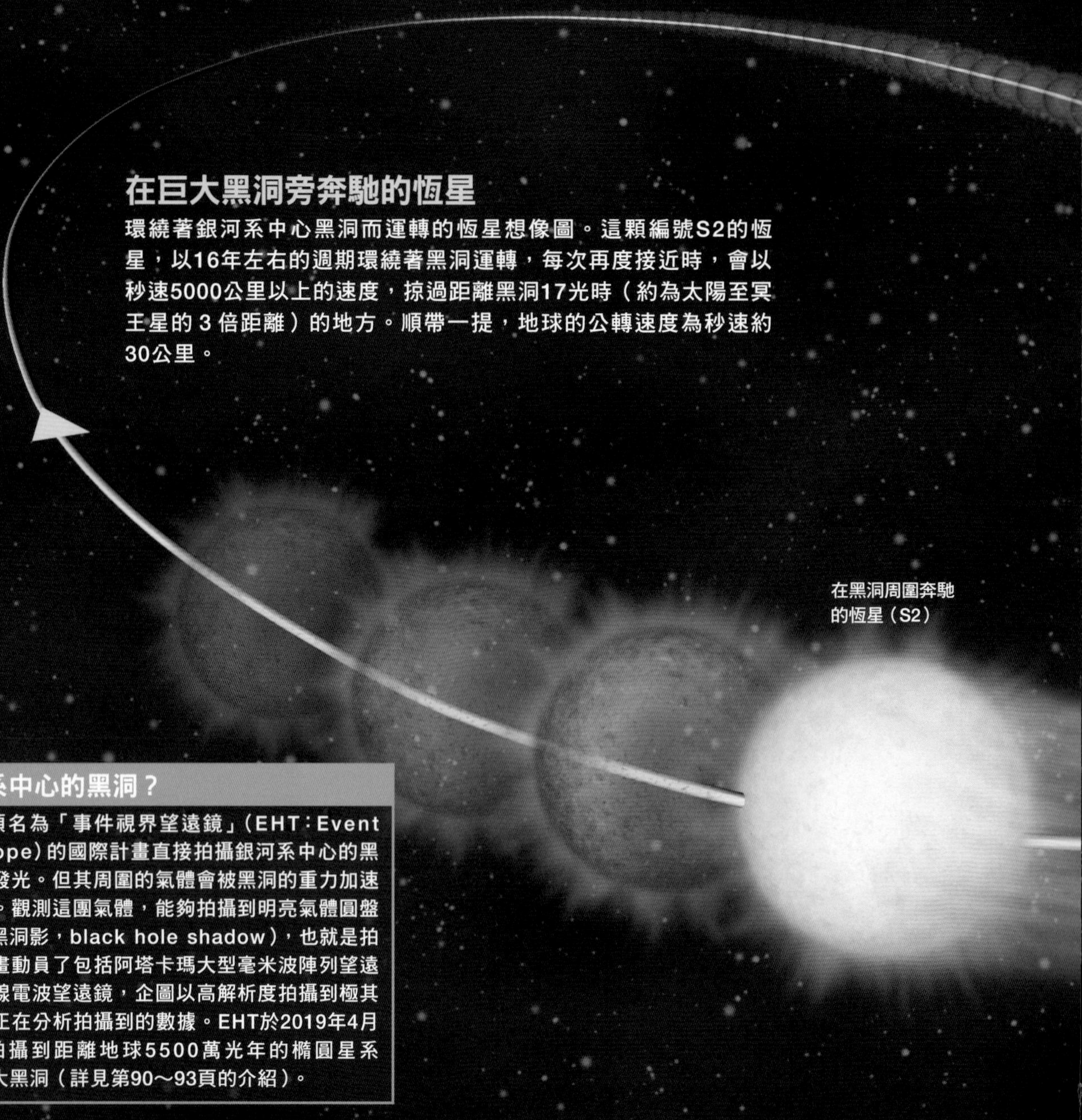

在巨大黑洞旁奔馳的恆星

環繞著銀河系中心黑洞而運轉的恆星想像圖。這顆編號S2的恆星，以16年左右的週期環繞著黑洞運轉，每次再度接近時，會以秒速5000公里以上的速度，掠過距離黑洞17光時（約為太陽至冥王星的3倍距離）的地方。順帶一提，地球的公轉速度為秒速約30公里。

在黑洞周圍奔馳
的恆星（S2）

直接拍攝銀河系中心的黑洞？

2017年4月，一項名為「事件視界望遠鏡」（EHT：Event Horizon Telescope）的國際計畫直接拍攝銀河系中心的黑洞。黑洞本身不會發光。但其周圍的氣體會被黑洞的重力加速到接近光速而發亮。觀測這團氣體，能夠拍攝到明亮氣體圓盤裡面的黑暗洞穴（黑洞影，black hole shadow），也就是拍攝到黑洞。這項計畫動員了包括阿塔卡瑪大型毫米波陣列望遠鏡在內的全世界無線電波望遠鏡，企圖以高解析度拍攝到極其微小的黑洞。目前正在分析拍攝到的數據。EHT於2019年4月宣布成功地直接拍攝到距離地球5500萬光年的橢圓星系「M87」中心的巨大黑洞（詳見第90～93頁的介紹）。

銀河系中心的黑洞溫和嗎？

　　太陽400萬倍的質量雖然十分巨大，但與銀河系圓盤的質量（太陽的1000億～數千億倍）相比，仍然微不足道。因此，巨大黑洞的引力對銀河系圓盤整體的旋轉並沒有很大的影響。此外，其他星系中心的黑洞，有些會噴出稱為「宇宙噴流」的高速電漿。但銀河系中心的黑洞活動性並不大，沒有觀測到宇宙噴流的存在。

描繪得遠比實際的黑洞大。

球狀星團（NGC 2808）

「球狀星團」是由眾多恆星密集成為球形的天體。目前已經確認的球狀星團約有160個，它們分布在銀河系圓盤的周圍，把銀河系圓盤團團包圍。球狀星團由數萬～數百萬顆恆星組成，這些恆星可能是在銀河系誕生的同一個時期孕育而成。亦即球狀星團可能擁有銀河系誕生時期的情報，可說是化石般的天體。只是我們目前還不太清楚球狀星團的誕生機制。

　　美國天文學家沙普利（Harlow Shapley，1885～1972）於1915年調查球狀星團的分布時，注意到它們的分布中心離太陽相當遙遠。而當時人們認為太陽位於銀河系（當時認為的宇宙）的中心附近，因此這個發現和人們以為的宇宙樣貌產生了矛盾。後來，又得知遠方的球狀星團比當時人們以為的宇宙的邊緣還要遙遠。這個發現成為顛覆當時的宇宙樣貌契機之一，也跟後來哈伯的「星系發現」有所關聯。順便提一下，球狀星團分布形成的球狀區域，有如包圍著銀河系，這個區域稱為「星系暈」（galactic halo）。

矮星系（大麥哲倫雲）

銀河系的周圍除了球狀星團之外，還有稱為「矮星系」（dwarf galaxy）的天體存在。矮星系是小星系的總稱，「大麥哲倫雲」即其中的代表，它的質量只有銀河系的10分之1左右而已。

某種絕對看不到的物質
包覆著我們的銀河系

前 面探討過銀河系的原料為「恆星」和「氣體」。但在思考銀河系的組成時,必須有第3種原料才行。想要觀測恆星,可以利用可見光或紅外線等等;想要觀測氣體,可以利用無線電波。但是,第3種原料卻是我們無法觀測的物質。

把本體無法觀測的不明物質稱為第3種原料,聽起來十分神奇,但是它必定存在,因為這是依據觀測天體運動後的結果導出的結論。

例如,前面說過銀河系的圓盤在做著旋轉運動,根據觀測的結果也得知了它的旋轉速度。但是,就算把觀測到的恆星和氣體的質量全部加總起來,總和也遠遠不足以圓滿說明該旋轉速度。亦即,只憑看得到的物質質量,並不符合實際觀測到的旋轉速

包覆著銀河系的暗物質

暗物質分布的想像圖。紅色的部分表示暗物質藉由引力互相吸引而聚攏,把銀河系的圓盤團團圍住,分布的範圍遠比銀河系圓盤寬廣得多,稱為暗暈。球狀星團及矮星系等天體存在的區域稱為「星系暈」,而暗暈分布的範圍也遠遠大於星系暈。暗暈之中,可能充滿暗物質的小集團正在運動。

目前,暗物質本體的最有力候選者,是理論上預言但尚未實際發現的基本粒子。由於它們不會與可見光及無線電波等所有電磁波發生交互作用,所以無法被觀測到。

銀河系

暗物質的小團塊

度。此外，調查球狀星團及矮星系的運動後，也發現只憑恆星和氣體的質量，並無法把它們繫留在銀河系的附近。

包圍著銀河系但本體不明的「暗物質」

由這些現象可以得知，銀河系不是只有恆星和氣體，還有質量更多的「某種物質」存在。但擁有如此巨大質量的物質，我們卻無法看見。**這種不明本體的物質，稱為「暗物質」（dark matter）。**

科學家推測，暗物質宛如把整個銀河系包覆起來似地，整體分布成球狀或橄欖球狀。這個部分稱為「暗暈」（dark halo）。暗暈的大小和質量到達什麼程度呢？鑽研暗暈的日本東北大學大學院理學研究科天文學專攻千葉柾司教授說：「我推測，質量、直徑都有可能是銀河系圓盤的10倍左右。」也就是說，質量是太陽的 1 兆～數兆倍，直徑達到100萬光年。這樣的物質，不可能對恆星和氣體完全沒有影響。在思考星系的誕生及成長時，主角或許反而是暗物質才對，萬萬不可忽視它的存在。

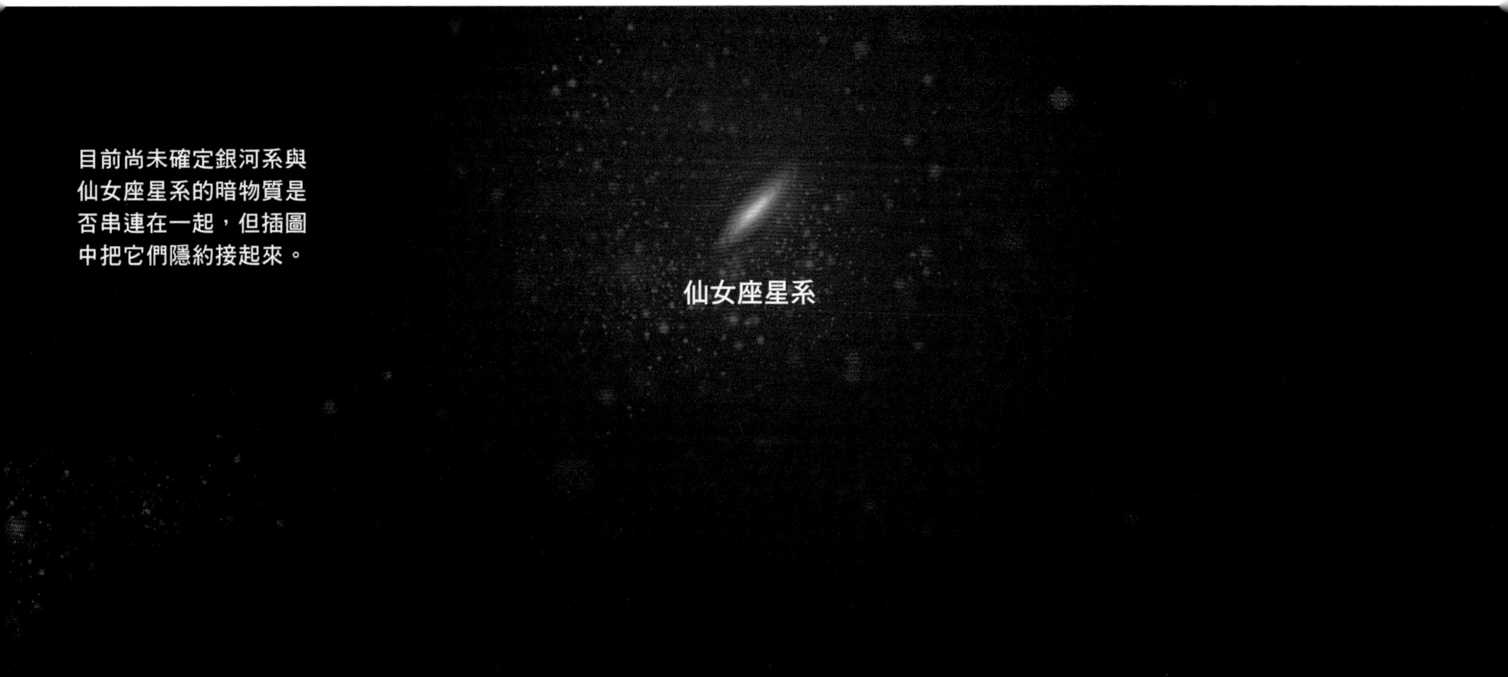

    🪐

目前尚未確定銀河系與仙女座星系的暗物質是否串連在一起，但插圖中把它們隱約接起來。

仙女座星系

鄰近星系的位置關係和銀河系周邊的代表性矮星系

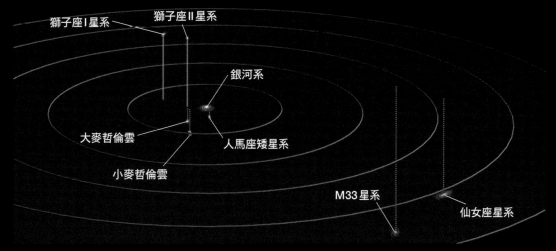

獅子座I星系　　獅子座II星系

銀河系

大麥哲倫雲

小麥哲倫雲　　人馬座矮星系

M33星系

仙女座星系

目前已經確認在銀河系與仙女座星系周圍，有50個以上的矮星系。暗物質不僅對銀河系與仙女座星系本體具有影響，應該也會對矮星系產生巨大影響。反過來說，藉由測定這些矮星系的運動，或許能夠推定暗物質的分布。

麗莎・藍道爾 Lisa Randall
美國哈佛大學教授。理論物理學家。1999年發表《捲曲的超維空間模型》（*Warped Extra Dimensional Models*）而享譽國際。著作有《捲曲的旅行》（*Warped Passages*）、《敲開宇宙之門》（*Knocking on Heaven's Door*）、《暗物質與恐龍》（*Dark Matter and the Dinosaurs*）等等。

Galileo Special Interview　**麗莎‧藍道爾** 博士

麗莎‧藍道爾闡述的
新暗物質理論

針對迄今仍未揭露真面目的未知物質「暗物質」提出新理論

科學家認為宇宙中有大量肉眼看不見的「暗物質」存在。暗物質是「擁有質量，幾乎不受引力以外之力影響的物質」。這也是為什麼無法利用光（電磁波）進行觀測來確認暗物質存在的原因。不過，美國哈佛大學理論物理學家麗莎‧藍道爾博士提出了有關暗物質的新理論：宇宙中暗物質的一部分，或許彼此間會有引力以外的力在作用。他又進一步指出，由於這些暗物質的存在，可能導致隕石週期性降落至地球，甚至可能與恐龍的滅絕有所關聯。新的暗物質是什麼樣的物質呢？恐龍滅絕和暗物質之間又存在著什麼樣的關係呢？且讓我們聽藍道爾博士娓娓道來。

＊本篇為 2016 年 6 月進行採訪的內容。

Galileo——我拜讀了藍道爾博士於2015年出版的《暗物質與恐龍》日文版譯作。這本著作的書名極具震撼力。您在書中提出了關於「暗物質」的新想法。但是追根究柢，我們要把暗物質當做什麼樣的東西來思考呢？

藍道爾——首先，暗物質被認為是「物質」。它們當然也存在於我們太陽系所在的銀河系之中。但由於暗物質不受光的影響，所以光會穿透暗物質。因此與其稱為暗物質，不如稱為「透明物質」也許更加自然貼切。

在我的新書中，當然會把暗物質和暗能量（dark energy）、黑洞等放在一起闡述，因此許多讀者會因為名稱的印象把它們混淆在一起。

Galileo——暗能量、黑洞等，確實是在談論宇宙的話題時耳熟能詳的名詞。它們到底有什麼不同呢？

藍道爾——就本質上來說，暗物質、暗能量、黑洞是完全不同的東西。暗能量並不是依附在粒子及物質上而隨之運送的能量（運動能量），它均勻分布在整個宇宙，從過去到未來，基本上是永恆不變的。而且，有可能因為這種能量的存在，使宇宙的膨脹速度加快。

黑洞是密度非常大的天體，所產生的引力也十分巨大，會把靠近它的任何東西都吸引進去。黑洞和暗物質是截然不同的東西。

比起暗能量和黑洞，暗物質非常單純。雖然單純，但沒有一般物質所具有的電荷，而是由某種其他物質衍生而來的東西。

Galileo——在這本著作中，有提到「新暗物質」存在的可能性。為什麼必須要構思新的暗物質呢？

藍道爾——舉個例子，我們一直認為以銀河系來說，暗物質的分布狀態是把銀河系團團包圍住，形成一個球狀的「星系暈」（galactic halo）。但是，依據理論來計算分布於星系暈暗物質的質量，結果和截至目前所得的銀河系觀測資料並不相符。根據所觀測到的天體質量等資料來推估暗物質的質量，似乎遠比根據

理論所計算的數值大上許多。為了解釋它的原因，我們開始懷疑，有沒有可能是暗物質當中，有部分暗物質的性質其實和先前的假設並不相同。

Galileo——博士所說的「新暗物質」，究竟是什麼樣的暗物質呢？

藍道爾——我認為「新暗物質」彼此之間有引力之外的力在互相作用。若確實如此，那應該是有和電磁力（電場或磁場所造成的力）差不多大小的力在作用。

Galileo——意思是說，有和引力及電磁力不一樣的未知力存在嗎？

藍道爾——我認為暗物質和暗物質之間可能有某種東西存在，這種東西具有類似光的功能（我們已知光子具有傳達電磁力的作用）。暫且先把它稱為「暗電磁力」（dark electromagnetic force）。暗物質不受光的影響，所以我們無法觀測到它們。反過來思考，則藉由暗物質對我們世界產生作用的力，我們也無法觀測到。這就表示，如果推測出有我們無法觀測到且只在暗物質之間作用的力存在，也未嘗不可。

Galileo——如果是只在暗物質之間作用的力，我們就無法觀測到了吧！博士所構思的新暗物質，在宇宙中大概有多少呢？

藍道爾——以能量來考慮的話，我估計它們最多占全部物質（暗物質和一般物質）的5％左右。如果這種新暗物質的數量有更多的話，現實世界有可能就會無法創生。

Galileo——新暗物質在宇宙中是以什麼樣的形態存在呢？

藍道爾——我想極可能是分布成非常薄的圓盤狀。我們可以把這個圓盤稱為「暗圓盤」（dark disk）。假設暗圓盤真的存在，那麼在其中作用的力的大小及性質可能和電磁力差不多吧？

Galileo——藍道爾博士似乎認為暗圓盤和星系的圓盤重疊存在。而且您也指出可能因為這個暗圓盤的引力，導致地球遭受巨大的天體撞擊。暗圓盤是如何把隕石引來地球的呢？

藍道爾——太陽系大約每隔2.5億年就會繞行銀河系一圈。事實上在這段期間，太陽系於銀河系的圓盤內一邊沿著垂直方向上下移動，一邊公轉。也就是說，當太陽系橫越星系圓盤的瞬間，也會通過暗圓盤。

假設太陽系真的會通過暗圓盤，那麼在通過時便會因為它的引力而產生較大的振盪。此時，位於太陽系外緣區的天體就有可能被震出原本的軌道，朝地球的方向飛過來。

Galileo：大約6500萬年前，隕石掉落到地球上進而導致恐龍滅絕，就有可能是因為這樣飛過來的嘍？

星系暈

球狀星團

星系圓盤

核球
占了星系大部分質量的區域，中心有個巨大的黑洞。

包覆著圓盤狀星系的球狀構造「星系暈」
本圖所示為星系及包覆在其周圍成為球狀的星系暈。據推測，一般的暗物質分布在星系暈的內部，越靠近星系中心，暗物質的密度越高。在星系暈裡面，也含有由普通物質所形成的高溫氣體和球狀星團等等。

藍道爾——我在亞利桑那州立大學的一場座談會上，談論暗圓盤有什麼涵義，要如何才能證實它的存在。當時，在場有一位天文物理學家戴維斯（Paul Davies）向我提出了一個想法：「那個暗圓盤會不會就是造成恐龍滅絕的原因呢？」

Galileo——這真是一個出乎意料的問題啊！

藍道爾——剛開始我還不是很清楚他在講什麼。不過我向保羅請教了這個念頭的背景，並和研究伙伴里斯（Matthew Reece）一起探索相關的統計性資料，企圖釐清暗圓盤和天體撞擊的關聯性。結果竟然發現，好像真的有關聯吔！

Galileo——真是太讓人吃驚了！但就現況而言，新暗物質與暗圓盤的存在都還沒有獲得確認。未來要怎麼做才能證實這項理論呢？

藍道爾——ESA（歐洲太空總署）的觀測衛星「蓋亞號」目前正在進行觀測。分析它觀測到的資料，或許就能證明構成暗圓盤的新暗物質確實存在。

太陽系在銀河系中一邊上下振盪一邊公轉，但它的移動狀態會受到暗物質的引力影響而改變。同樣地，其他恆星的位置和運動應該也會受到暗圓盤影響。因此，正確測定銀河系內的恆星位置和速度（尤其是在與星系圓盤面垂直的方向上的速度），即可

天文衛星蓋亞號
ESA的天文衛星，2013年12月發射。任務是測量約10億顆恆星的位置，製作銀河系的3D地圖。

得知這種新暗物質的存在數量。

Galileo——不過人們在談到您的時候，正如《捲曲的旅行》等許多著作，會讓人有很強烈的印象，認為您在進行時空相關的研究。那麼，時空的研究和您這次的暗物質研究之間，有什麼關聯性呢？

藍道爾——倒是沒那麼有關聯啦！我是一個基本粒子物理學者，碰到各種主題總是想把頭探進去瞧一瞧。對於超維度（長、寬、高這3個維度以外還可能存在的維度）的研究，已經有10年之久了。這次的主題可說是截然不同的事情。

我是理論模型的建構者，很喜歡探討各式各樣的可能性，從中尋求新的發現。遺憾的是，幾乎在所有的領域都還沒有找到實驗性的證據。

Galileo——座落於瑞士日內瓦郊外的基本粒子實驗設施「大型強子對撞機」（Large Hadron Collider, LHC）從2015年起終於可以利用原先設想的能量進行實驗了。我們期待能藉此證實藍道爾博士的理論，並發現暗物質的候選粒子。

藍道爾——如果能順利證實理論，那該有多好啊！只是若要完全證實這些理論，這個能量會不會還是太低了呢？目前已經在討論是否必須建造新的裝置，以便用更高的能量進行實驗，我很滿意這部分的現況。

Galileo——我們期待各種理論都能確實獲得驗證。感謝您接受我們的採訪！

深入探討藍道爾博士
的暗物質理論！

協助　**向山信治**
日本京都大學基礎物理學研究所教授

人體由各種原子組合而成。原子又是由更小的電子、夸克等「基本粒子」所組成。我們能夠看到、摸到的一般物質全都由這些構成。但在宇宙中，還有「暗物質」這種與我們熟知物質迥然不同的謎樣物質存在。

暗物質通常被認為是「具有質量，幾乎不受引力以外之力影響的物質」。也就是說，即使我們的身邊有暗物質存在，我們也無法看到、觸摸它。又從截至目前為止的研究來看，暗物質分布在整個宇宙中，總質量高達一般物質的5倍左右。即構成宇宙的主要物質並不是我們所熟知的普通物質，而是暗物質。

若要解開宇宙的謎題，不可缺少暗物質

那究竟是什麼緣故，會去思考像暗物質這樣具有奇妙性質的物質存在呢？事實上，隨著宇宙觀測的進展，已發現許多現象若不假設有暗物質存在，便無法加以圓滿說明。

太陽這種本身會發光的天體稱為「恆星」。眾多恆星聚集在一起組成「星系」，眾多星系聚集在一起組成「星系團」，再由各式各樣的天體集團組成宇宙。宇宙中任何天體的軌道及運動，都依作用於該天體的引力來決定。離引力源天體越遠，則引力越微弱。此外，行星在恆星周圍繞轉時會產生一股「離心力」（朝旋轉物體的軌道外側作用的力），與中心恆星的引力取得平衡。繞轉速度越慢，離心力就越微弱，因此，行星在環繞恆星公轉時，距離恆星越遠（恆星的引力越弱），該行星的公轉速度應該會越慢（第38頁左下方插圖）。

1970年代，美國天文學家魯賓（Vera Rubin，1928～2016）測量仙女座星系周圍繞轉的高溫氣體的速度。結果發現，星系中心附近和星系邊緣的氣體旋轉速度，兩者並沒有很大的差別（第38頁右下方插圖）。如果星系的質量真如外觀所見，集中於中心附近，那按理越靠近星系中心的

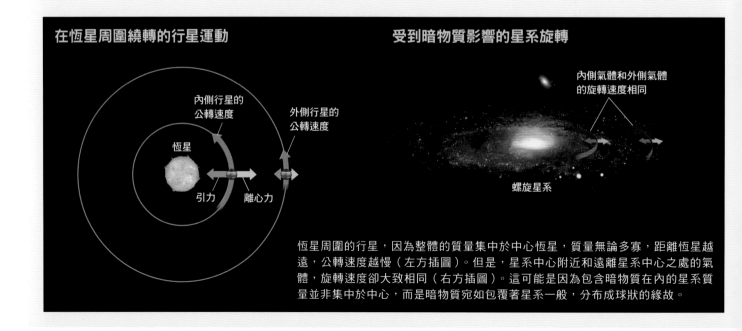

在恆星周圍繞轉的行星運動

內側行星的公轉速度

外側行星的公轉速度

恆星

引力　離心力

受到暗物質影響的星系旋轉

內側氣體和外側氣體的旋轉速度相同

螺旋星系

恆星周圍的行星，因為整體的質量集中於中心恆星，質量無論多寡，距離恆星越遠，公轉速度越慢（左方插圖）。但是，星系中心附近和遠離星系中心之處的氣體，旋轉速度卻大致相同（右方插圖）。這可能是因為包含暗物質在內的星系質量並非集中於中心，而是暗物質宛如包覆著星系一般，分布成球狀的緣故。

地方，引力應該會越強才對。也就是說，正如恆星和行星的例子，距離星系中心較遠的氣體旋轉速度，應該會比星系中心附近的氣體旋轉速度慢上許多才對。因此，為了使氣體的旋轉速度取得平衡，推測出星系周圍可能有看不見的球狀引力源存在。

像這樣逐漸累積各種觀測事實之後，我們開始明白，若不先假設具有質量卻無法看到的物質存在，就無法圓滿說明宇宙的各種現象，於是把這種無法看見的物質稱為「暗物質」。由於暗物質的性質與一般物質不同，所以分布可能不是像星系這樣形成圓盤狀，而是把整個星系包覆起來成為球狀。

暗物質也具有多樣的性質？

理論上物理學大多會先建立一個簡單的模型，然後逐步思考更複雜的狀況。這個手法也同樣運用在暗物質的研究上。因此，大多數的研究者會先假設所有暗物質的性質皆相同。但是，我們知道的普通物質僅約占宇宙中全部物質的20％，就有各式各樣的性質。依照這個思路，暗物質占宇宙中全部物質的其餘80％，若假設它們性質都相同，在理論上並不合邏輯。

藍道爾博士提出了全部物質中約5％是「以引力以外的力互相作用的新暗物質」的可能性。事實上，在以往假設所有暗物質的性質都相同時，曾認為暗物質以極高密度集中在星系中心附近。

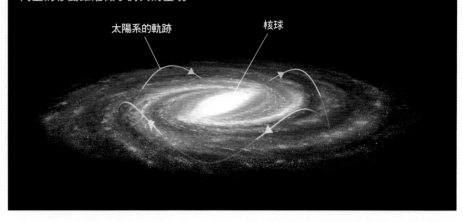

在銀河系中蛇行繞轉的太陽系

太陽系以大約 2 億5000萬年的週期繞行銀河系一圈。如果考量到暗圓盤的話，則太陽系在繞行銀河系一圈的期間，會沿著與圓盤面垂直的方向振盪3、4次。本幅插圖是以黃線描繪太陽系在銀河系內移動軌跡的想像圖。為了簡易明瞭，把垂直方向上的移動距離做了誇大的呈現。

太陽系的軌跡　　　核球

但用星系內的恆星分布位置等觀測資料，來計算星系中心附近的暗物質密度時，得到的結果並不如預測的那麼高。藍道爾博士等人為了消除理論和觀測的差異，才提出了新暗物質的想法。

創生出「暗電磁力」的暗圓盤

藍道爾博士認為，在新暗物質之間，有性質非常類似電磁力的力在作用。當然，暗物質並沒有帶著正電荷或負電荷。因此，正如暗物質相對於一般物質存在，也可能會有相對於正電荷和負電荷的暗電荷存在，並且產生出「暗電磁力」。話雖如此，就算新暗物質確實會產生暗電磁力的作用，我們也無法觀測到。

有暗電磁力在作用的新暗物質，可能和一般物質所創生的星系一樣，分布成高密度的圓盤狀。藍道爾博士把這種由暗物質形成的圓盤狀構造命名為「暗圓盤」。暗圓盤存在於星系圓盤

內，構成新暗物質的粒子質量如果比質子的質量更重，則暗圓盤的厚度可能會比星系圓盤的厚度還薄。

暗圓盤會把太陽系的天體彈飛

如果真如藍道爾博士所說，在和星系圓盤相同的平面上，存在又薄又高密度的暗圓盤，那麼銀河系裡面的太陽系也會受到暗圓盤的引力影響。

太陽系距銀河系中心有點距離，以大約 2 億5000萬年的週期在銀河系裡面公轉，一邊移動一邊沿著銀河系圓盤面的垂直方向上下振動（參照第39頁的插圖）。可能是因為銀河系內物體的引力才會引起振動，但正確週期目前尚未確定。不過，若銀河系的圓盤內真的有高密度的暗圓盤存在，則由於它的引力影響，太陽系在繞行銀河系一圈的期間可能會振動 3～4 次。如果這項推測正確，那麼太陽系將會每

3000萬年～4000萬年跨越暗圓盤一次。

此外，物體彼此之間越靠近，引力越大。如果太陽系在銀河系裡面真的是一邊振動一邊公轉，那麼太陽系在通過暗圓盤的時候，就會承受強大的引力。

太陽系裡面，從最靠近太陽的地方算起，依序排列著水星、金星、地球、火星等多顆行星。這些行星全都是在太陽引力的影響下公轉。離太陽越遠，太陽引力的影響就越小，最後達到可以忽略太陽引力影響的程度。事實上，在太陽系的最外側就有一個稱為「歐特雲」（Oort Cloud）的區域，裡面有無數個受到太陽引力吸引而停駐的小天體。

這些小天體受到來自太陽十分微弱的引力所吸引，且在非常不穩定的狀態下停駐於太陽系。所以當太陽系通過暗圓盤之際，歐特雲可能會受到暗圓盤的強大引力而晃動，使裡面的小天體因而脫離原來的軌道。結果，小天體會飛出太陽系外面而永遠不再回來，或相反地朝太陽系中心的方向飛過來。根據藍道爾博士的說法，過去或許有部分撞上地球。

造成恐龍滅絕的巨大隕石撞擊，可能肇因於暗圓盤

藍道爾博士等人思考，假設暗圓盤真的存在，而且太陽系每3000萬年～4000萬年跨越暗圓盤一次的話，那麼從歐特雲脫離的小天體是不是會以相同的週期降落到地球上呢？

截至目前為止，已有許多地質學家對過去撞擊地球的隕石的痕跡進行調查。儘管如此，地球表面有7成是海洋，應該有大半的隕石都掉到海裡了。而若想找出暗圓盤和天體撞擊的關聯性，則需要距今至少數千萬年以上的正確資料，這些數千萬年乃至數億年前發生的現象痕跡，迄今仍可確認者非常稀少。在這樣的狀況下，嚴謹探討地質學家們對於隕石的研究資料，發現似乎每隔3000萬年左右，地球就會面臨一次大量小天體撞擊的時期。

天文學家當然也曾探討過何種天文現象可能造成這種情況。但是，不管什麼假說都無法圓滿說明這個3000萬年的週期性。而另一方面，由於暗圓盤引力的影響導致地球週期性受眾多小天體撞擊的假說，則能完善說明大約3000萬年的週期性，因此成為非常有希望的假說。

科學家認為在大約6550萬年前，地球被巨大隕石撞擊，造成地球環境產生劇烈變化，從而導致恐龍等許多物種滅絕。事實上，根據藍道爾博士等人的計算，這個導致恐龍滅絕的隕石，極有可能是受到暗圓盤引力影響而飛落到地球上的小天體之一。由於現在的太陽系位置及暗圓盤厚度尚未確認，這個想法只是推測而已，但只要能證實暗圓盤真的存在，即能成為可信度極高的模型。

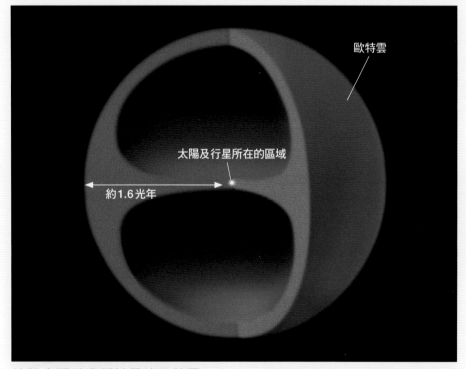

歐特雲

太陽及行星所在的區域

約1.6光年

位於太陽系邊陲地帶的歐特雲
太陽系的邊緣可能有個區域由眾多小天體分布成球殼狀，稱為「歐特雲」。在這個區域裡，太陽的引力影響非常微弱，所以小天體只要受到一點點的外力就會脫離原來的軌道，朝太陽系中心方向飛來，或飛到太陽系外面不再回來。分布於歐特雲的小天體中，最遠處的個體可能距離太陽系中心1.6光年。

致力確認暗圓盤的存在！

　　這個銀河系真的有暗圓盤存在嗎？事實上，這個問題的答案恐怕會比預期的更早。ＥＳＡ於2013年12月發射的天文衛星「蓋亞號」，目前正在觀測銀河系中大約10億顆恆星的位置和速度，企圖製作星系的3次元地圖。如果銀河系內真的有暗圓盤存在，則銀河系圓盤內的恆星位置和速度，尤其是在與星系圓盤垂直方向上的恆星位置和速度，應該會看到某些特別的數據，無法只憑這是周圍其他恆星的引力影響所造成的結果，而加以圓滿地說明。調查這個影響的大小，即可計算出可能存在的暗圓盤的密度等資料。

　　蓋亞號已經展開觀測，並於2016年9月公布了最初的觀測資料，2018年4月發布了第二批資料，第三批資料則因新冠病毒疫情的影響而延後，於2020年12月3日公布。未來仍然將繼續觀測，並陸續公布觀測結果。如果順利地依照設計的精度進行觀測，再過幾年即有可能獲得足以證實暗圓盤存在的資料。

反覆進行假說和實證，探索這個世界的真相

　　前文把藍道爾博士的新理論做了一番說明，但務必注意，這個理論畢竟只是「一個可能性」，尚未取得證據證明為事實。在天文學家當中，也有人主張即使不考慮藍道爾博士所提出的新暗物

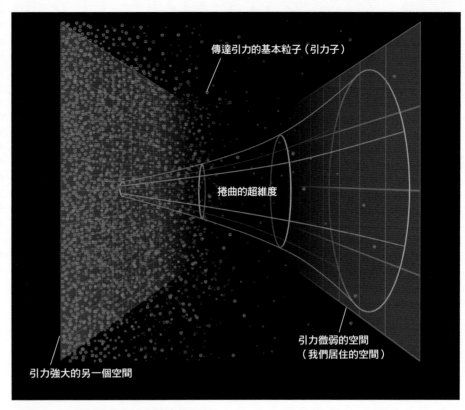

傳達引力的基本粒子（引力子）

捲曲的超維度

引力微弱的空間（我們居住的空間）

引力強大的另一個空間

預言捲曲的超維度的 RS 理論
藍道爾博士與共同研究的物理學家桑壯，於1999年共同提出了一個關於時空的理論（RS理論），在全世界的物理學家之間成為熱門話題。根據RS理論，在我們居住的空間之外還有另一個引力強大的空間存在，兩個空間以3維空間以外的維度（超維度）捲曲地聯結在一起。本圖把我們居住的3維空間（長、寬、高）降低1個維度描繪成平面。

質，也能充分說明宇宙中的星系形態等等。

　　在理論物理學的領域中，即使提出了一個能將截至目前為止所觀測到的現象做圓滿說明的理論，大多仍須經過漫長的時日，才能加以證實和確認。藍道爾博士在1999年提出關於超維度（3維空間以外的維度）的理論，以藍道爾博士與共同執筆者桑壯（Raman Sundrum）博士的姓氏首字母命名為「RS模型」（Randall-Sundrum model），當時在全世界引起軒然大波。然而發表至今已過了20多年，現

在仍停留在驗證的階段。藍道爾博士表示：「先提出當前考慮到的各種可能性，再去思考如果得到某個結果是否能加以證明。我認為這種理論物理學的手法是非常重要的。」未來，藍道爾博士及其他理論物理學家仍將繼續提出讓人大為驚嘆的理論吧！

銀河系真的是螺旋星系嗎？
繪製精密的地圖即將揭曉銀河系的真面目

自1950年代以來的天文觀測，人們始終認為銀河系是個螺旋星系（下方插圖）。但因為沒有深入了解細部構造，迄今仍無法得知它的真正面貌。

為了揭曉真相，天文學界正在進行銀河系內的「天體距離測定」。正確測量地球至銀河系內各顆恆星及氣體雲的距離，再根據它們的位置資訊，繪製精密的銀河系地圖。

想要正確測量銀河系內各個天體的距離，只要能夠測量到非常微小的「週年視差」（annual parallax）就行了（左下圖）。觀測方法之一就是使用「特長基線干涉測量法」（Very Long Baseline Interferometry，VLBI）。VLBI觀測是使用地面上的無線電波望遠鏡，偵測發出強力無線電波的「邁射天體」（maser object），再測量地球至這些邁射天體的距離。在日本有一項「特長基線干涉法無線電天文探測」（VLBI Exploration of Radio Astrometry，VERA）計畫，使用 4 架無線電波望遠鏡施行高性能的VLBI觀測。VERA能以10萬分之 1 角秒（1 角秒為3600分之 1 度）的精度※測量週年視差，可測量的距離最遠大約 3 萬光年。

VERA與美國的觀測團隊合作，測量了銀河系臂中100個以上氣體雲的距離。這種氣體雲被稱為「大質量恆星形成區」，是大質量恆星的誕生場所。

銀河系不是螺旋星系！？

2013年和2016年，觀測小組發布了重大的觀測結果，對長久以來一直以為的銀河系形貌提出質疑。有數十個氣體雲，原本以為它們位於太陽系所在的「獵戶臂」附近的臂，不料在精確觀測後，卻發現它們的正確位置其實是在獵戶臂裡面（右下圖）。

先前以為獵戶臂不是「大臂」，而把它歸類於下一階的「弧」。但在明白了觀測的氣體雲是獵戶臂裡面的天體後，計算出它的臂長為2萬光年以上，是原先推定的臂長的4倍以上。而且大質量恆星形成區的密度大到足以和大臂匹敵，臂的捲曲程度也勝過大臂。也就是說，很明顯地可以考慮把獵戶臂列入「大臂」的行列。

此外，也發現了從獵戶臂分岔出去朝人馬-船底臂的方向發展的短弧（右下圖的紅圈）。這次觀測小組成員之一的韓國天文研究院坂井伸行博士表示：「第一次發現這麼清晰的分岔構造。」

發現大臂的數量增加，也新發

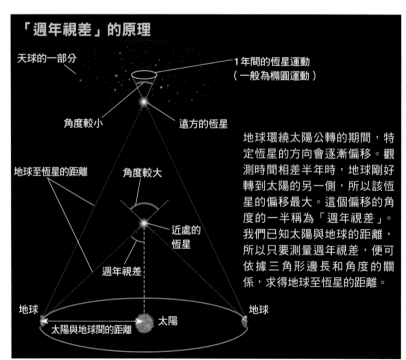

「週年視差」的原理

天球的一部分

1 年間的恆星運動（一般為橢圓運動）

角度較小

遠方的恆星

地球至恆星的距離

角度較大

近處的恆星

週年視差

地球

太陽

太陽與地球間的距離

地球

地球環繞太陽公轉的期間，特定恆星的方向會逐漸偏移。觀測時間相差半年時，地球剛好轉到太陽的另一側，所以該恆星的偏移最大。這個偏移的角度的一半稱為「週年視差」。我們已知太陽與地球的距離，所以只要測量週年視差，便可依據三角形邊長和角度的關係，求得地球至恆星的距離。

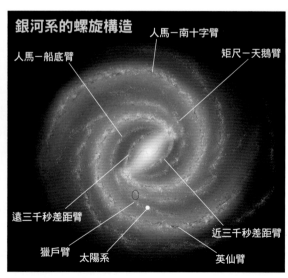

銀河系的螺旋構造

人馬－南十字臂

人馬－船底臂

矩尺－天鵝臂

遠三千秒差距臂

近三千秒差距臂

獵戶臂

太陽系

英仙臂

目前一般認為的銀河系螺旋構造。根據這次的觀測結果，獵戶臂可望列入「英仙臂」、「人馬-南十字臂」等大臂的行列。紅圈區域是從獵戶臂分岔出去的地方。

現分岔的弧，這表示銀河系可能不是以往所認為的完美螺旋構造。坂井博士說道：「根據陸續觀測到的臂特徵，銀河系很有可能是擁有許多隻破碎臂的『絮結螺旋星系』吧！」這件事也改變了銀河系演化的劇本。博士又補充說明：「不過，臂的主要構成要素是恆星，如果看不到恆星的正確分布，就不能說已經清楚了解真相。」

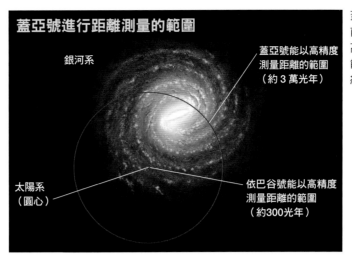

蓋亞號進行距離測量的範圍

銀河系

太陽系
（圓心）

蓋亞號能以高精度測量距離的範圍
（約3萬光年）

依巴谷號能以高精度測量距離的範圍
（約300光年）

蓋亞號的觀測精度比前代的依巴谷號還要高 2 數量級（10^2），能利用可見光測量大約 3 萬光年的範圍。

測量10億顆以上恆星的距離

測量氣體雲的同時，全世界也在測量恆星的距離。ESA（歐洲太空總署）於2013年發射的定位天文衛星「蓋亞號」，在不受地球大氣干擾的太空中，利用週年視差測量天體的距離。蓋亞號的任務是測量10億顆以上恆星的距離和運動，這個數量相當於銀河系全體恆星的1%左右。

蓋亞號花費數年的時間，對同一恆星 1 年拍攝 8 次左右，藉此獲取各恆星的運動軌跡。恆星在天球面上的運動軌跡由「自行」（proper motion，過去稱為固有運動，一般為直線運動）和伴隨地球的公轉而呈現以年為週期的橢圓運動（左頁插圖），一般組合成為螺旋運動。也就是說，只要調查軌跡，便可從橢圓運動的大小得知週年視差，亦即地球至恆星的距離，並且從直線運動的大小得知自行。

蓋亞號利用這個方法，耗費了約 5 年的時間，終於能測量出比20星等更亮恆星的距離和運動。尤其是比14～15星等亮而比 3 星等暗的恆星，可達到精度10萬分之1 角秒程度的週年視差。

2016年 9 月提出第1次報告，發表了11億4200萬顆恆星的方向及目視星等（或稱視星等）的相關資料。其中，有200萬顆恆星是ESA的前一顆定位天文衛星「依巴谷號」（Hipparcos）的時代即開始觀測，蓋亞號對這些恆星的軌跡做了後續追蹤，以更高的精度求得距離和自行。

2018年 4 月提出第 2 次報告，這次測定距離和自行的精度資料，比第 1 次更高。如果蓋亞號衛星的耐用年限夠長，將會把觀測工作延長到2022年左右並提高精度，預定在這段期間提出 2 次期中報告。

測量恆星距離使我們看見「看不到的東西」

為了更正確地測量更多天體的距離，目前正在推行新的定位天文衛星的發射計畫。日本國立天文台正在研擬開發「Small-JASMINE」（小型日本紅外線定位天文觀測衛星），及更早推行的「Nano（微型）－JASMINE」，企圖利用穿透宇宙塵而來的紅外線測量擁有大量宇宙塵的銀河系中心。Nano－JASMINE已經開發完成，正在等待發射的機會。小型JASMIN於2019年 5 月被選

定為JAXA宇宙科學研究所的公募型小型計畫的 3 號機，預定在 2 0 2 4 年 利 用 艾 普 斯 龍 號（Epsilon）火箭發射升空。此外，還有一項「近紅外線蓋亞號」（GaiaNIR，巡測全天的紅外線定位天文觀測衛星），預定向ESA提案做為蓋亞號的後繼機種候選者之一。預定2040年代發射，日本也在考慮是否參與這項計畫。

主導JASMINE計畫的日本國立天文台鄉田直輝博士表示，「定位天文觀測衛星的作用，並不僅是繪製銀河系的地圖藉此闡明它的形貌。」

博士又說：「長期觀測恆星，偶爾會看到它的移動偏離了預測的螺旋運動，藉此有機會發現在它的周圍繞轉的行星、組成聯星系統（Binary system）的恆星等原先看不到的天體。而且恆星的分布及運動會受到無法以光（電磁波）觀測的暗物質的影響，所以能依此推測暗物質的分布。此外也能夠發現一些過去事件的痕跡，幫助我們了解銀河系和其他星系的碰撞、核球及螺旋的形成過程等等。測量天體的距離，讓我們也看到了原本看不到的天體資訊。」

※：這個角度相當於從日本的東京車站看到人站在富士山頂時，頭髮10分之 1 的粗細。

銀河系 3D 地圖

我們的銀河系擁有像太陽這樣的恆星，以及由恆星聚集而成的星團、氣體擴散而發亮的星雲等各樣天體。仰望星空，它們看起來和地球的距離都一樣遠，但實際上並非如此。

本章將從 3 維的視點，介紹銀河系內的天體、鄰近眾多星系的分布以及銀河系的構造！

協助　海部宣男／祖父江義明／郷田直輝／松永典之／有本信雄／嶋作一大

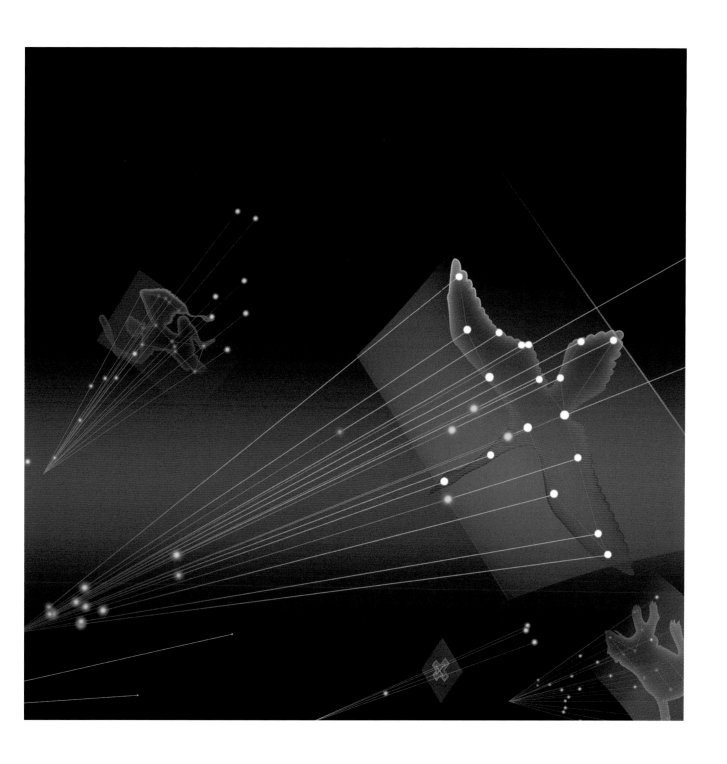

肉眼僅能看到銀河系全體2500萬分之1的恆星

我們眺望廣闊的銀河系（銀河）時，最遠能看到什麼程度呢？

首先需思考在星空所能看到的恆星數量。整個星空比 6 等星更亮的恆星，大概可以看到8500顆。而整個銀河系擁有大約1000億～數千億顆恆星。也就是說，即使把所有比 6 等星更亮的恆星聚集起來，也只有銀河系內全部恆星的1000萬～數千萬分之 1。

接著想一下那些恆星分布的範圍吧！從地球上能夠看到比 6 等星更亮的恆星，究竟距離我們有多遠，分布成什麼樣子呢？

明亮的恆星沿著銀河分布成扁平的形狀。**是因為分布在銀河系圓盤的水平方向上的恆星，遠多於垂直方向上的恆星，且越靠近銀河系中心，就擁有越多恆星的緣故。** 這個區域在地球周遭僅數百～1000光年左右的範圍內，與直徑10萬光年的銀河系相比，真是渺小到不可見。

我們所能看到的大多數恆星，從銀河系的尺度來看，可說是距離地球非常近。

能看到 6 等星的範圍

下圖依據日本國立天文台辻本拓司博士提供的資料繪製而成，為地球上能夠看到比 6 等星更亮的恆星中，大約 8 成恆星所在的範圍。比這個更遠的地方，也有一些比 6 等星還要明亮得多的恆星。例如1等星之中，距離太陽最遠的恆星是天津四（Deneb，天鵝座 α 星），它的亮度是1.2星等，距離是2600光年左右。

北極星
地球的自轉軸現正指著北極星的方向。

距離太陽大約130秒差距
（大約420光年）

從上方俯視銀河系

核球

英仙臂

獵戶臂

人馬臂

從側面觀看銀河系

銀河盤面

核球

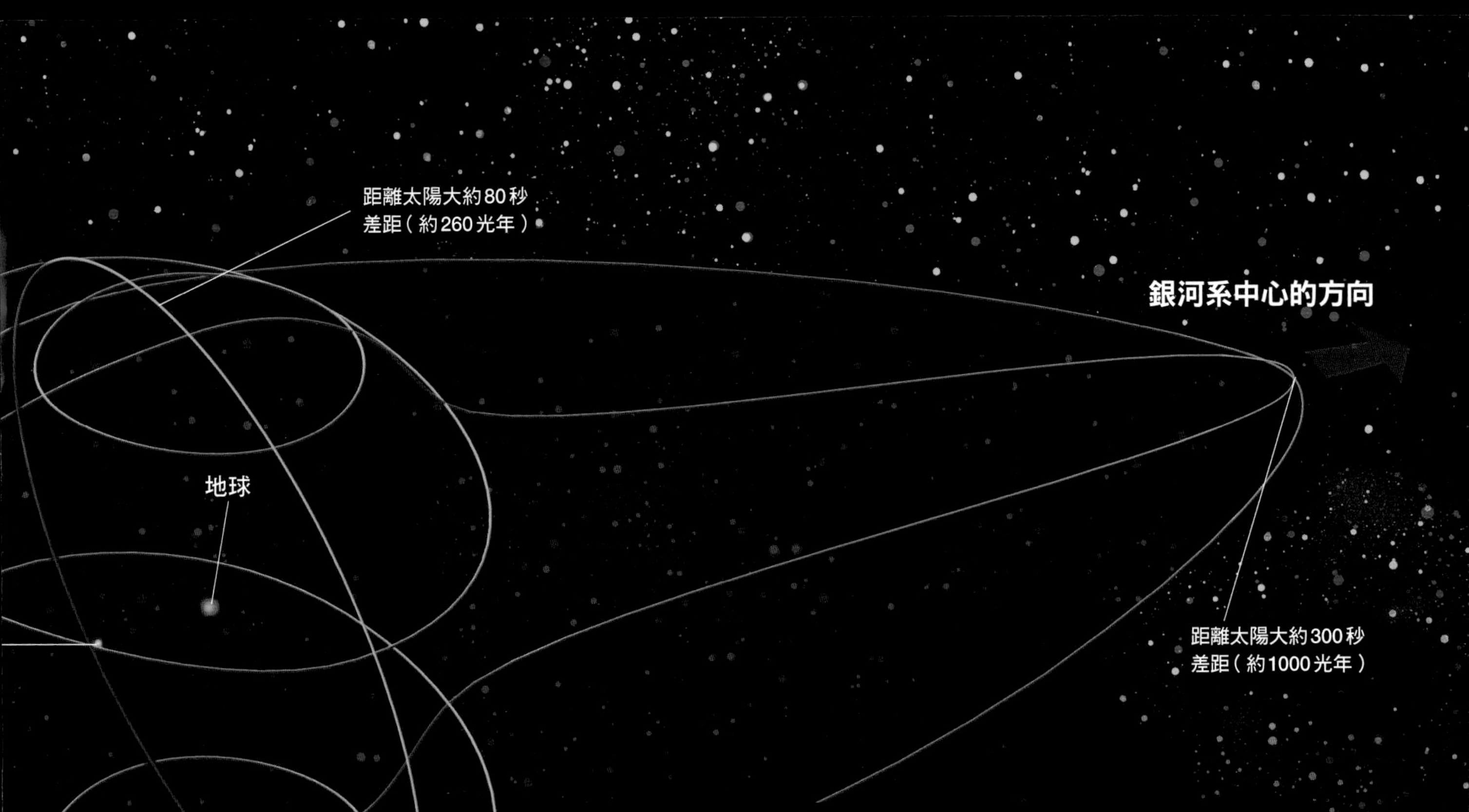

距離太陽大約80秒
差距（約260光年）

銀河系中心的方向

地球

距離太陽大約300秒
差距（約1000光年）

能看到比6等星更亮的恆星範圍與銀河系

下面2幅插圖是把上方所顯示比6等星更亮的恆星所在區域，疊在銀河系上面繪製而成的圖像。藍點為地球的位置，把它圍起來的藍色區域內，有8成的恆星比6等星更亮。由圖可知，這些恆星集中的區域跟廣闊的銀河系相比，顯得非常狹小。這個區域在銀河系中心方向上長約1000光年，在其反方向上長約420光年，在垂直於銀河盤面的方向上厚約260光年。

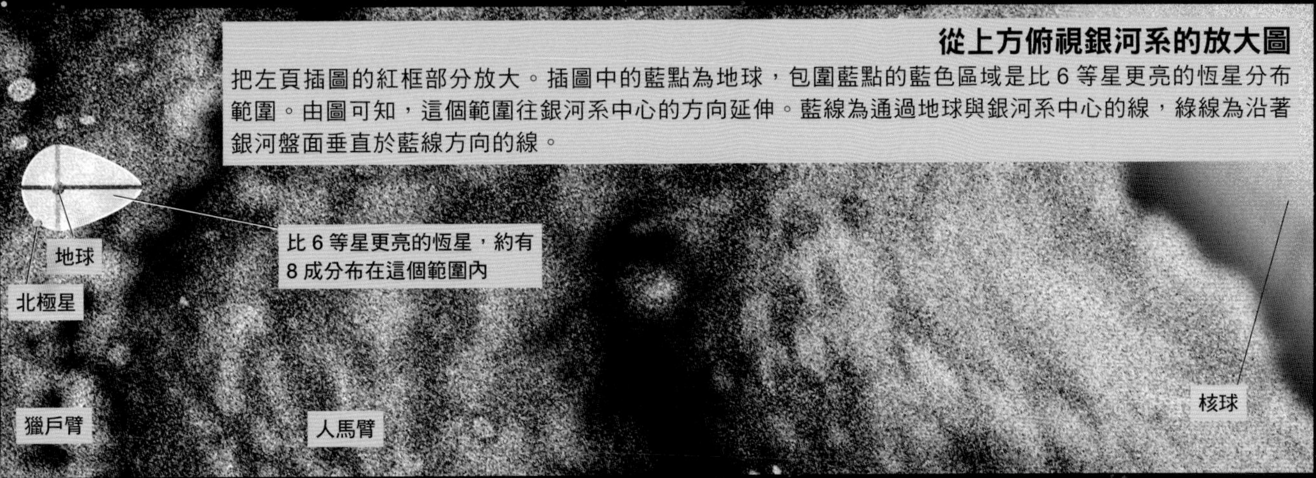

從上方俯視銀河系的放大圖

把左頁插圖的紅框部分放大。插圖中的藍點為地球，包圍藍點的藍色區域是比6等星更亮的恆星分布範圍。由圖可知，這個範圍往銀河系中心的方向延伸。藍線為通過地球與銀河系中心的線，綠線為沿著銀河盤面垂直於藍線方向的線。

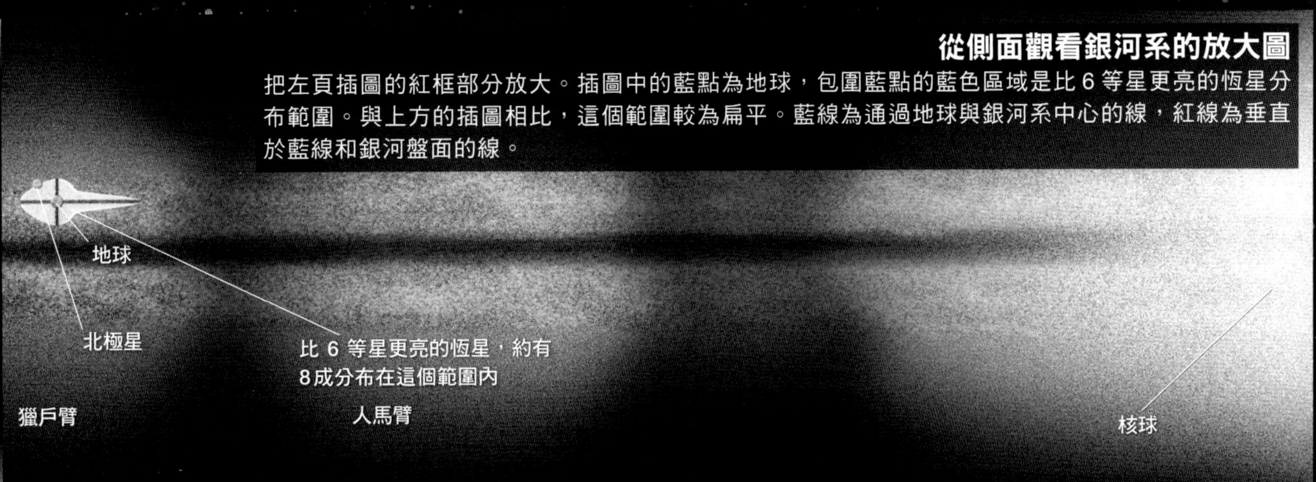

地球

北極星

比6等星更亮的恆星，約有
8成分布在這個範圍內

核球

獵戶臂

人馬臂

從側面觀看銀河系的放大圖

把左頁插圖的紅框部分放大。插圖中的藍點為地球，包圍藍點的藍色區域是比6等星更亮的恆星分布範圍。與上方的插圖相比，這個範圍較為扁平。藍線為通過地球與銀河系中心的線，紅線為垂直於藍線和銀河盤面的線。

地球

北極星

比6等星更亮的恆星，約有
8成分布在這個範圍內

核球

獵戶臂

人馬臂

看似貼在夜空的88個星座

仰望夜空，繁星滿布眼前。雖然實際上每顆恆星與地球的距離都不相同，但看起來全都離地球一樣遠，宛如貼在一個球面上，這個球面即稱為天球。把恆星的位置標記在天球上，就稱為星圖（Star chart）或天體圖（Celestial chart）。而把地球的赤道面擴張到天球上，即為天

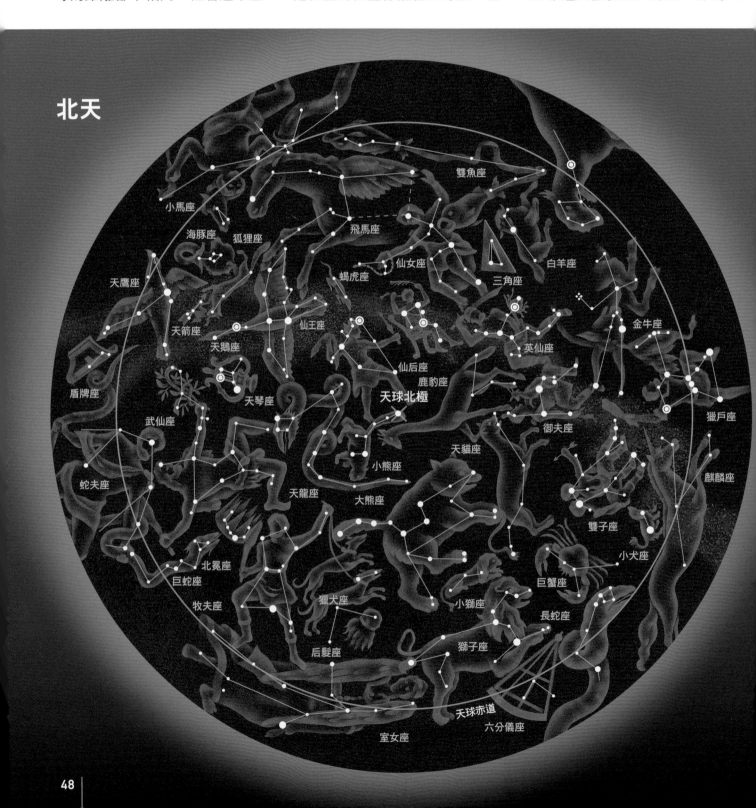

北天

小馬座
海豚座　狐狸座
天鷹座
天箭座　　仙王座
天鵝座
盾牌座　　　天琴座
武仙座
蛇夫座
　　　　　天龍座
北冕座
巨蛇座
牧夫座　　　獵犬座
后髮座

雙魚座
飛馬座
蝎虎座　仙女座
　　　三角座　白羊座
英仙座　　金牛座
仙后座
鹿豹座
天球北極　　御夫座　獵戶座
天貓座
　　　　　　麒麟座
小熊座
大熊座　　　雙子座
　　　　　　小犬座
　　　　　巨蟹座
小獅座　　長蛇座
獅子座

天球赤道
室女座　　六分儀座

球赤道。天球赤道把天球分為北天和南天。肉眼可見的夜空群星，絕大多數是離我們較近、比較明亮的恆星。

把一群在星圖上相對位置固定不變的明亮恆星串連成一組，並且和神話、農事、漁業等生活結合在一起，即成為星座。1928年，國際天文學聯合會以起源於美索不達米亞的星座名稱為主要基礎，把全天分為88個區，正式決定了現在的88個星座。

眾星儘管看起來像貼在天球面上，但實際上是 3 維分布。依據恆星的位置和運動，可得知地球的運動狀態、銀河系中心的方向等等。例如天球北極和天球南極是因為地球的自轉運動而顯現出來的不動點。此外，銀河系中心位於人馬座方向上，也是藉由觀測恆星的微小位置變化而得知。

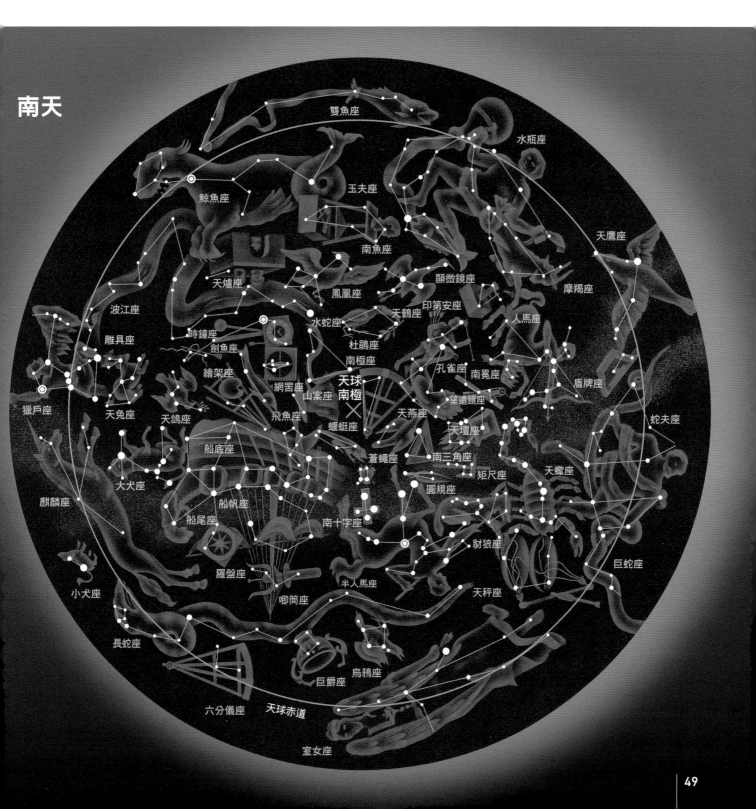

南天

雙魚座
水瓶座
鯨魚座
玉夫座
南魚座
天鷹座
天爐座
鳳凰座
顯微鏡座
摩羯座
波江座
水蛇座
天鶴座
印第安座
人馬座
雕具座
時鐘座
杜鵑座
劍魚座
南極座
孔雀座
南冕座
盾牌座
繪架座
網罟座
天球南極 ✕
蛇夫座
獵戶座
山案座
天燕座
天壇座
天兔座
飛魚座
蝘蜓座
望遠鏡座
天鴿座
船底座
蒼蠅座
南三角座
天蠍座
麒麟座
船帆座
南十字座
矩尺座
圓規座
大犬座
船尾座
豺狼座
巨蛇座
羅盤座
半人馬座
小犬座
唧筒座
天秤座
長蛇座
巨爵座
烏鴉座
六分儀座　天球赤道
室女座

49

組成同一個星座的群星
也有可能遠近差異極大

在 星圖上，由多個恆星組成的星座看起來距離地球都一樣遠。但事實上並非如此，地球到每一顆恆星的距離可能都有很大的差異。只要依照實際的距離畫出組成星座的各顆恆星，就能明白這件事。

例如我們觀看天鵝座中的A、B、C這三顆恆星時，它們

下圖中的藍點是把組成星座的各顆恆星，依據實際距離所標示的位置，紅點（天鵝座為白點）是各顆恆星呈現出星座形狀的目視位置。在各個星座中最近跟最遠的恆星中間，設定一個屏幕，用來排列星座的各顆目視恆星，以便呈現夜空所看到的星座樣貌。由此圖可以明白，組成星座的各顆恆星其實分別位於不同距離的位置上。各個畫在屏幕上的星座中，從最明亮的恆星依序選取A、B、C，把它們和各自的實際距離（A'，B'，C'）做對應。

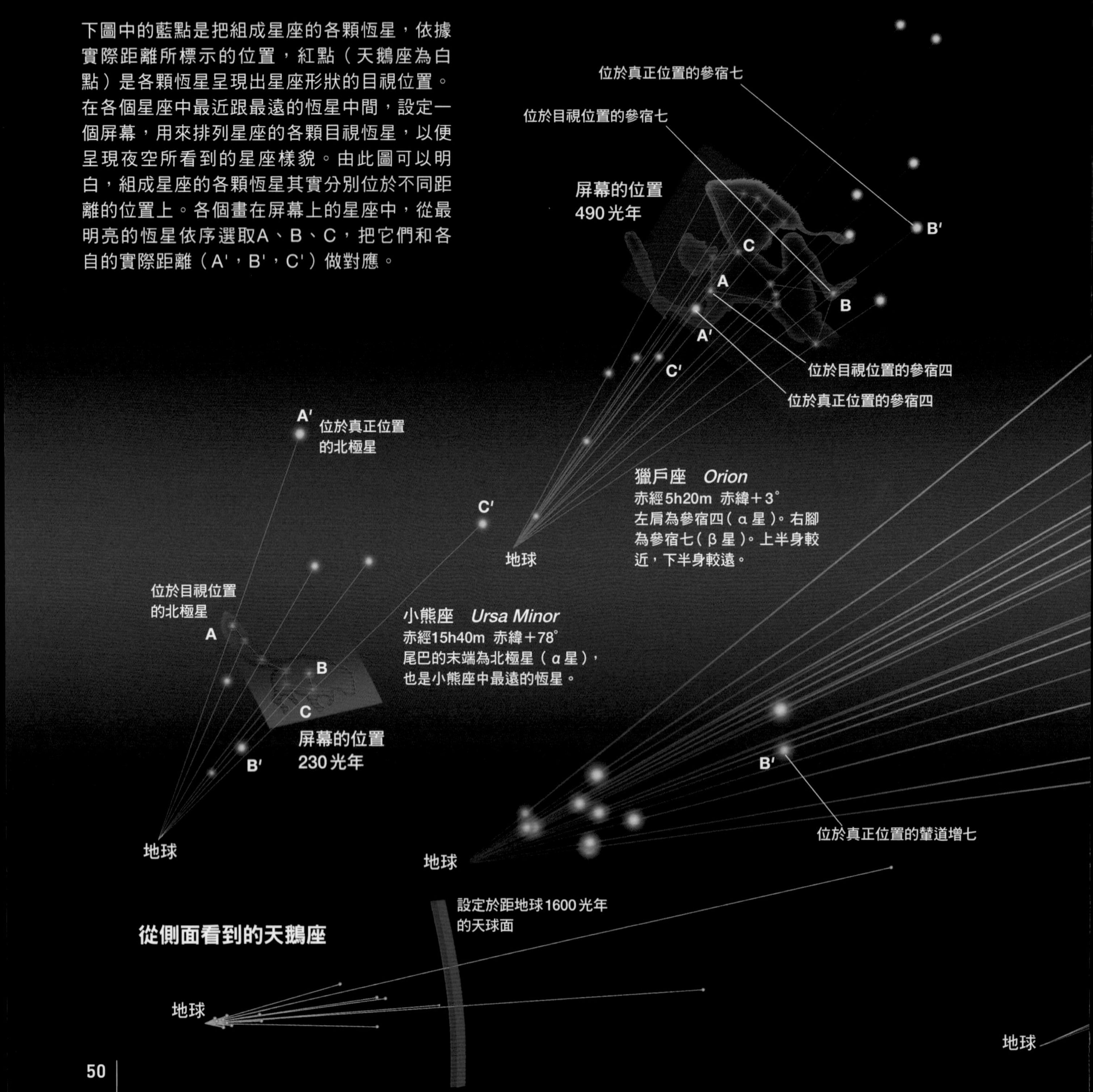

位於真正位置的參宿七

位於目視位置的參宿七

屏幕的位置
490光年

B'

C

A

B

A'

C'

位於目視位置的參宿四

位於真正位置的參宿四

A' 位於真正位置
的北極星

C'

地球

獵戶座 *Orion*
赤經5h20m 赤緯＋3°
左肩為參宿四（α星）。右腳為參宿七（β星）。上半身較近，下半身較遠。

位於目視位置
的北極星

A

B

C

B'

屏幕的位置
230光年

小熊座 *Ursa Minor*
赤經15h40m 赤緯＋78°
尾巴的末端為北極星（α星），也是小熊座中最遠的恆星。

地球

地球

B'

位於真正位置的輦道增七

設定於距地球1600光年
的天球面

從側面看到的天鵝座

地球

地球

彷彿貼在同一個天球面上。但它們與地球的實際距離，B最靠近，而A則相當遙遠。如果從地球以外的星球看它們，應該就長得不像天鵝了。在夜空閃耀的星座形狀，只不過是從地球上觀看時，剛好看起來是這樣罷了。

這幅插圖是依據1989年發射的「依巴谷號」衛星利用週年視差法測量恆星的距離，而於1997年發布的「依巴谷星表」（Hipparcos Catalogue）所繪製而成（關於週年視差法請參照第42～43頁）。測量天體的距離非常困難，結果也必然有誤差。這份依巴谷號的資料的誤差在1000分之1角秒（1角秒為3600分之1度）以下。現在，日本的「特長基線干涉法無線電天文探測VERA」計畫和ESA（歐洲太空總署）發射的定位天文觀測衛星「蓋亞號」，做為「依巴谷號」的後繼機正在進行更高精度的觀測。

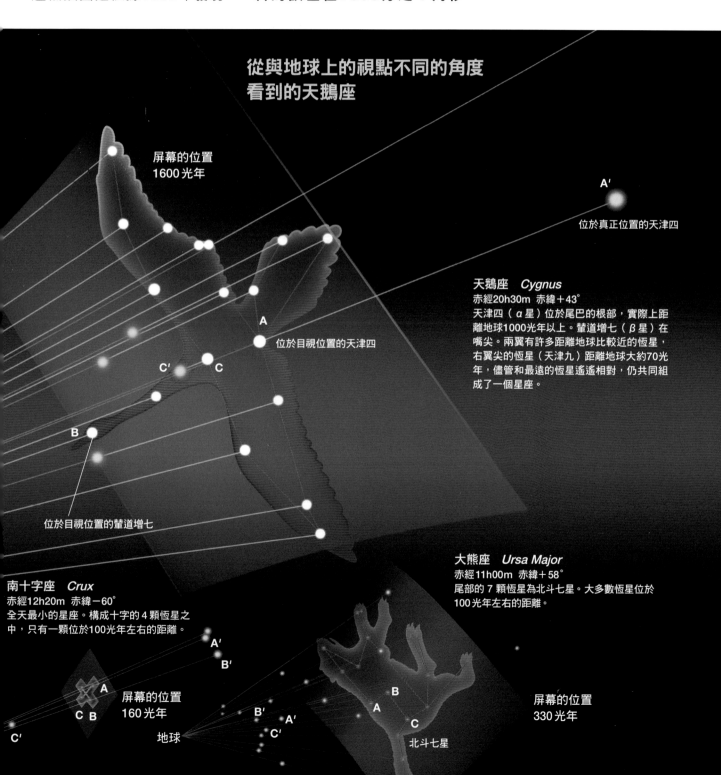

從與地球上的視點不同的角度看到的天鵝座

屏幕的位置
1600 光年

A'
位於真正位置的天津四

A
位於目視位置的天津四

C' C

B

位於目視位置的輦道增七

天鵝座　Cygnus
赤經20h30m　赤緯＋43°
天津四（α星）位於尾巴的根部，實際上距離地球1000光年以上。輦道增七（β星）在嘴尖。兩翼有許多距離地球比較近的恆星，右翼尖的恆星（天津九）距離地球大約70光年，儘管和最遠的恆星遙遙相對，仍共同組成了一個星座。

大熊座　Ursa Major
赤經11h00m　赤緯＋58°
尾部的 7 顆恆星為北斗七星。大多數恆星位於100光年左右的距離。

南十字座　Crux
赤經12h20m　赤緯－60°
全天最小的星座。構成十字的 4 顆恆星之中，只有一顆位於100光年左右的距離。

A'
B'

A
屏幕的位置
160 光年

C B
C'
地球

B'
A'
C'

B
A
C
北斗七星

屏幕的位置
330 光年

黃道12星座的恆星
分別距離地球有多遠呢？

接 下來介紹在占星術等方面經常提到的黃道12星座3D地圖吧！**所謂的黃道是指**太陽在天球上通過的路徑。全天依據星座劃分為88個區域，太陽大致上通過其中的12個。

這12個星座彷彿在天球上串連成一個環繞著地球的大圓。

在插圖中，把半徑約200光

黃道 12 星座的遠近差異

本圖所示為組成黃道12星座的各顆恆星實際位置關係。以地球為中心，在距離地球大約200光年的位置設定屏幕做為天球。本圖乃參考1997年發表的依巴谷號衛星的觀測資料「依巴谷星表」所繪製。

- ·天球上的白點：從地球看到的恆星的目視位置。
- ·色點：依據與地球的實際距離標示出的恆星位置（各星座以不同顏色表示）。

金牛座　*Taurus*
赤經4h30m　赤緯＋18°
α 星是畢宿五。牛頭的部分是畢宿星團。畢宿五是金牛座中相當接近地球的恆星。

雙子座　*Gemini*
赤經7h00m　赤緯＋22°
α 星北河二和 β 星北河三位於雙胞胎的頭部。這個雙子座都在200光年的距離內。

巨蟹座　*Cancer*
赤經8h30m　赤緯＋20°
只有位於巨蟹腳上的一顆恆星比200光年更遠。

獅子座　*Leo*
赤經10h30m　赤緯＋15°
α 星是位於心臟的軒轅十四。組成獅子座的群星之中，尾巴部分的恆星最接近地球。

室女座　*Virgo*
赤經13h20m　赤緯－2°
位於室女座左手的 α 星角宿一，距離太陽大約250光年。

天秤座　*Libra*
赤經15h10m　赤緯－14°
組成右盤的恆星位於距離地球最遠的地方。

金牛座
北河二
雙子座
北河三
畢宿五
巨蟹座
軒轅十四
獅子座
室女座
角宿一

凡例（星座圖）
- 1等星
- 2等星
- 3等星
- 4等星

年的天球面上黃道所在的位置畫成帶狀。這個直徑400光年的區域和銀河系的直徑10萬光年比起來，只有250分之1。

這個面相當於天球上的一個屏幕，上面畫著我們平常看到的星座形狀。不過，這是從天球外側看到的狀態，因此在近側屏幕上所畫的星座形狀，和平常在地球上看到的星座形狀呈鏡像關係。**組成各個星座的眾多恆星，跟地球的距離並不相同**，因此，恆星有可能在這個面的前方或後方。

自古以來，人類就和夜空中組成這些星座的群星有著緊密關係。但一直到19世紀後，人們才漸漸得知各恆星的距離。

這幅插圖乃依據「依巴谷星表」繪製而成。

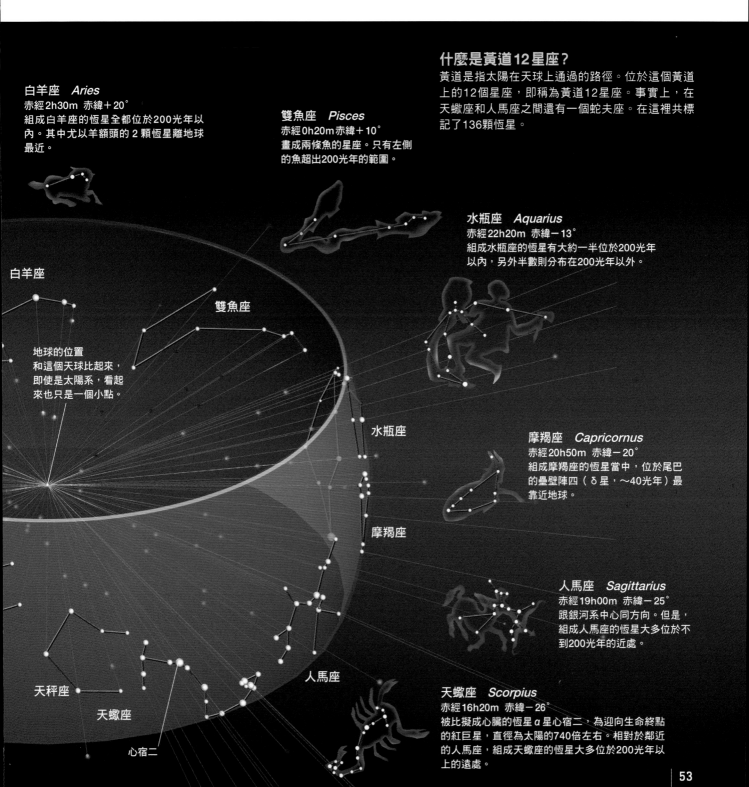

白羊座 _Aries_
赤經2h30m 赤緯＋20°
組成白羊座的恆星全都位於200光年以內。其中尤以羊額頭的2顆恆星離地球最近。

雙魚座 _Pisces_
赤經0h20m 赤緯＋10°
畫成兩條魚的星座。只有左側的魚超出200光年的範圍。

什麼是黃道12星座？
黃道是指太陽在天球上通過的路徑。位於這個黃道上的12個星座，即稱為黃道12星座。事實上，在天蠍座和人馬座之間還有一個蛇夫座。在這裡共標記了136顆恆星。

水瓶座 _Aquarius_
赤經22h20m 赤緯－13°
組成水瓶座的恆星有大約一半位於200光年以內，另外半數則分布在200光年以外。

白羊座

雙魚座

地球的位置
和這個天球比起來，
即使是太陽系，看起
來也只是一個小點。

水瓶座

摩羯座 _Capricornus_
赤經20h50m 赤緯－20°
組成摩羯座的恆星當中，位於尾巴的壘壁陣四（δ星，～40光年）最靠近地球。

摩羯座

人馬座 _Sagittarius_
赤經19h00m 赤緯－25°
跟銀河系中心同方向。但是，組成人馬座的恆星大多位於不到200光年的近處。

人馬座

天秤座

天蠍座

心宿二

天蠍座 _Scorpius_
赤經16h20m 赤緯－26°
被比擬成心臟的恆星α星心宿二，為迎向生命終點的紅巨星，直徑為太陽的740倍左右。相對於鄰近的人馬座，組成天蠍座的恆星大多位於200光年以上的遠處。

星座形狀過10萬年後會變成什麼模樣？

以前的人認為恆星和地球之類的行星不一樣，是完全不會移動的星球。恆星這個名稱，就意謂著它是永恆（不會改變）待在該處的星球，也就是「不會移動的星球」。

但事實上，**恆星以極高的速度在宇宙空間中運動著，這個運動稱為「自行」[※]，是各恆星固有的行為。**我們之所以看不出恆星有在運動，是因為恆星的位置距離我們好幾光年，故而無法在短期間內偵測到運動。

由於這個自行，星座的形狀便會在長期間內慢慢變化。例如，現在的北斗七星串連成勺子的模樣，但在10萬年後它會變成相反的形狀。

星座的中心將不再是北極星？

其實不用那麼長的時間，夜空就會發生很大的變化。從地球上觀測星空時，看起來所有的星座是以北極星為中心，一天旋轉一圈。**但在數千年後，星座的旋轉中心（北極點）將不再是北極星了。**

因為地球的自轉軸像陀螺一樣，在做所謂的「歲差運動」（precession）。陀螺在其本身旋轉（自轉）的同時，自轉軸的方向也在慢慢地繞轉。

以數千年左右的時間間隔來看，各星座的形狀與彼此的位置關係幾乎不會改變。但是，**我們觀測到的北極點位置，彷彿遊走在星座之間。**

※：在天文學界，「自行」是以恆星在天球上1年內移動幾個角秒的目視角速度來定義。在此為求方便起見，有時也用每秒幾公里的實際速度來表示自行。

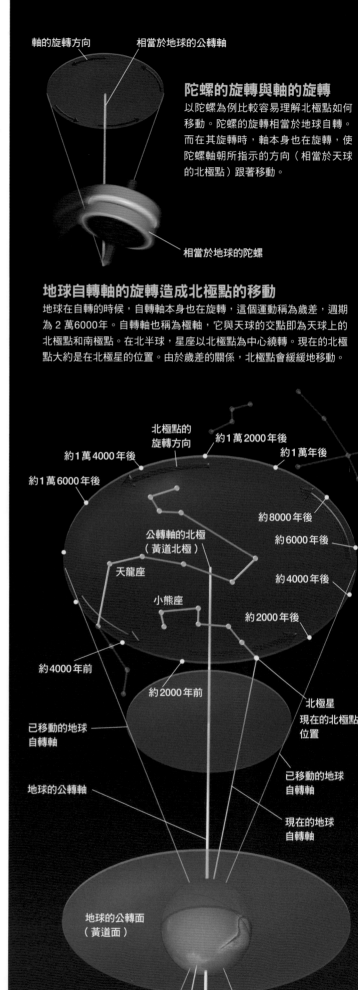

陀螺的旋轉與軸的旋轉
以陀螺為例比較容易理解北極點如何移動。陀螺的旋轉相當於地球自轉。而在其旋轉時，軸本身也在旋轉，使陀螺軸所指示的方向（相當於天球的北極點）跟著移動。

軸的旋轉方向
相當於地球的公轉軸
相當於地球的陀螺

地球自轉軸的旋轉造成北極點的移動
地球在自轉的時候，自轉軸本身也在旋轉，這個運動稱為歲差，週期為2萬6000年。自轉軸也稱為極軸，它與天球的交點即為天球上的北極點和南極點。在北半球，星座以北極點為中心繞轉。現在的北極點大約是在北極星的位置。由於歲差的關係，北極點會緩緩地移動。

北極點的旋轉方向
約1萬4000年後
約1萬2000年後
約1萬年後
約1萬6000年後
約8000年後
約6000年後
公轉軸的北極（黃道北極）
天龍座
約4000年後
小熊座
約2000年後
約4000年前
約2000年前
北極星　現在的北極點位置
已移動的地球自轉軸
地球的公轉軸
已移動的地球自轉軸
現在的地球自轉軸
地球的公轉面（黃道面）

北斗七星的變遷

恆星在銀河系中分別往各自的方向移動。這種運動稱為自行，它的大小依恆星而有很大的不同。本圖所示為10萬年前至10萬年後的北斗七星樣貌。構成勺柄前端（瑤光）和勺斗前端（天樞）的恆星的運動比較大，所以從過去到未來的這20萬年間，北斗七星的樣貌會有很大的變化。

10萬年前
比起現在的勺子，勺斗（裝水的部分）較深，勺柄較長。

5萬年前
勺斗稍微展開，勺柄由於前端的恆星移動較大而開始彎曲。

現在
勺柄的彎曲角度更大，成為容易拿持的形狀。

5萬年後
勺柄前端的恆星移動更多，勺斗前端開始打開。

10萬年後
勺柄完全彎折，勺斗前端完全打開。看起來剛好是勺柄變成勺斗，勺斗變成勺柄的樣子。

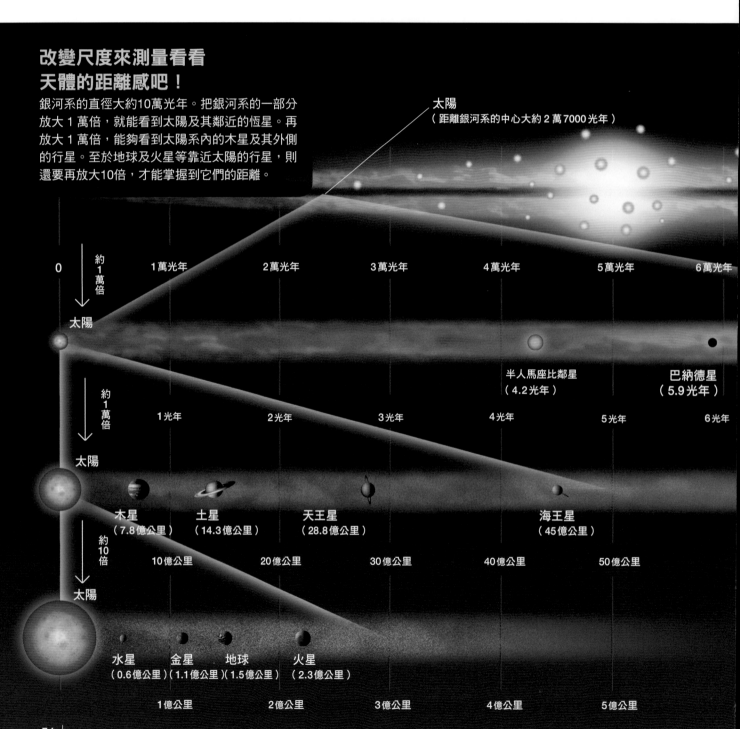

鄰近的恆星

即使是最鄰近太陽的恆星也位於相距約40兆公里（4.2光年）的遙遠之處

組成星座的恆星，是什麼樣的星球呢？

距離地球最近的恆星是太陽。那離太陽最近的恆星又在哪裡呢？

那就是位於半人馬座的半人馬座比鄰星（約4.2光年，約40兆公里）。第二近的恆星，是與比鄰星成對運動又非常明亮的南門二（半人馬座α星，

約4.3光年）。

雖說距離最近，但如果人類要去那裡的話，不知道得花多少時間才到得了。我們太陽系的行星當中，在最外側繞轉的

改變尺度來測量看看
天體的距離感吧！

銀河系的直徑大約10萬光年。把銀河系的一部分放大1萬倍，就能看到太陽及其鄰近的恆星。再放大1萬倍，能夠看到太陽系內的木星及其外側的行星。至於地球及火星等靠近太陽的行星，則還要再放大10倍，才能掌握到它們的距離。

太陽
（距離銀河系的中心大約 2 萬 7000 光年）

0　約1萬倍

太陽

1萬光年　2萬光年　3萬光年　4萬光年　5萬光年　6萬光年

半人馬座比鄰星
（4.2光年）

巴納德星
（5.9光年）

約1萬倍

太陽

1光年　2光年　3光年　4光年　5光年　6光年

木星
（7.8億公里）

土星
（14.3億公里）

天王星
（28.8億公里）

海王星
（45億公里）

約10倍

太陽

10億公里　20億公里　30億公里　40億公里　50億公里

水星　金星　地球　火星
（0.6億公里）（1.1億公里）（1.5億公里）（2.3億公里）

1億公里　2億公里　3億公里　4億公里　5億公里

行星是「海王星」，就以海王星為例來體會一下最近的恆星有多遠吧！

從太陽到海王星的平均距離為45億公里左右。人類製造出來的物體之中，目前飛離地球最遠的是太空探測船「航海家號」（Voyager）。1977年9月發射的航海家1號於2012年飛到太陽影響所及的太陽圈外側宇宙空間，1977年8月發射的航海家2號則於2018年飛出太陽圈。航海家1號現在飛到距離太陽大約226億公里（2021年1月時）的位置。海王星距離太陽約45億公里，所以航海家1號已經抵達了將近5倍距離的地方。但若它要飛到恆星半人馬座比鄰星大約所在的4.2光年（約40兆公里）處，差不多還要繼續飛7萬4000年。對人類而言，即使只想飛到最鄰近太陽的恆星，至少在可預見的未來，依然是件不可能的任務。

銀河系中有多達1000億～數千億顆恆星，但恆星之間的距離，以我們日常的感覺來說實在遠到無法想像。

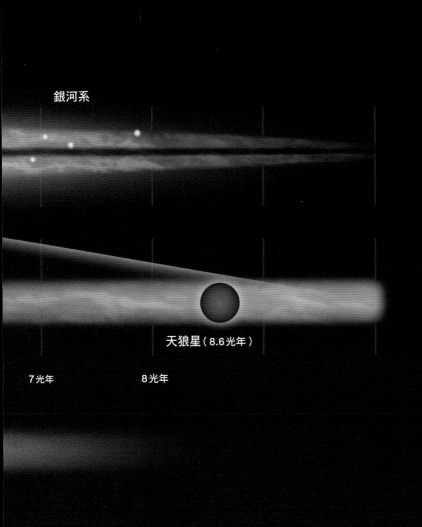

銀河系

天狼星（8.6光年）

7光年　　8光年

鄰近太陽的恆星

	恆星名稱	距離
1	半人馬座比鄰星	4.2光年
2	半人馬座南門二	4.3光年
3	巴納德星	5.9光年
4	沃夫359	7.8光年
5	拉蘭德21185	8.3光年
6	大犬座天狼星	8.4光年
7	鯨魚座UV星	8.6光年
8	羅斯154	9.7光年
9	羅斯248	10.4光年
10	波江座天苑四	10.5光年
11	拉卡伊9352	10.7光年
12	羅斯128	10.9光年
13	水瓶座EZ	11.2光年
14	天鵝座61	11.4光年
15	小犬座南河三	11.5光年
16	格利澤725	11.6光年
17	格龍布里奇34	11.7光年
18	巨蟹座DX	11.7光年
19	印第安座 ε	11.8光年
20	鯨魚座天倉五	11.9光年

距離地球
100 光年

半數以上的 1 等星位於距離地球不到100光年的範圍內

接 著來介紹在星空中特別顯眼，比 1 等星更明亮的恆星3D地圖吧！這些恆星的數量總共有21顆，由於非常醒目，通常會被塑造成星座的主角，其中有超過半數的11顆位於距太陽不到100光年的範圍內。超過100光年遠的恆星，如果不是巨星（giant star）或超巨星（supergiant star）這類本身非常明亮（絕對亮度很大）的恆星，從地球上看去頂多只有 1 等星而已。相反地，像金牛座的畢宿五這類絕對光度較小的暗星，也有一些因為距離較近，所以成為 1 等星。

由此可知，恆星的目視星等也和星座一樣，只有從地球上觀看時才具有意義。

主序星依其質量決定未來

雖然說都是比 1 等星明亮的恆星，但大犬座天狼星和獵戶座參宿四等恆星所顯現的顏色卻截然不同。每顆恆星各有其固有的顏色和亮度。1900年代初期把這些多彩多姿的恆星加以分類，逐漸明白了恆星的光度和顏色（光譜型）之間，亦即光度和溫度之間，具有一定的關係。

根據分類，**像太陽這種中心部位會發生核融合反應把氫轉換為氦，並藉由此時產生的能量發光的恆星，稱為「主序星」（main sequence star）**，數量在所有恆星中占了約90%，是名符其實的多數派恆星。

主序星之中的重星，質量為太陽的 8 倍以上，在經過比較短的時間後，會耗盡中心部位的氫，演化成為太陽數十倍大的「巨星」，甚至更大的「超巨星」。這些天體比起太陽等恆星可說是非常明亮，且會發生劇烈的超新星（supernova）爆炸而死亡。相反地，質量在太陽 8 倍以下的恆星，則是在經過比較長的時間後，絕大多數只會演化成白矮星（white dwarf）這種藍白色的暗星。

位於 100 光年以內，比 1 等星更亮的恆星 3D 地圖（1 刻度：25 光年）

本圖為全天所見比 1 等星更亮的恆星，全部共有21顆。中間的圓形刻度，每一個刻度是25光年。由圖可知，距離太陽不到100光年的範圍內有11顆。插圖最外側的圓半徑為100光年，相當於銀河系半徑的500分之1。這些恆星之中，最近的恆星是距離太陽約4.3光年的南門二（半人馬座α星），最遠的恆星是距離太陽大約2600光年的天鵝座天津四。

星座名稱・恆星名稱
（視星等）
與太陽的距離（光年）

金牛座α星
畢宿五
（0.9等）
距離太陽67光年

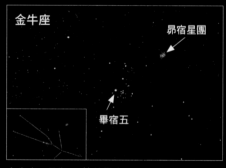

金牛座α星為0.9等的畢宿五，光譜型為K，距離太陽大約67光年。右上方有一個昴宿星團，也被暱稱為「七姐妹」。

從恆星的顏色可以得知什麼？
即使是同一星等的恆星，顏色（光譜型）也各異其趣。光譜型與該恆星的表面溫度有關。

恆星的光譜型與表面溫度

光譜型	顏色	表面溫度
O	藍白色	4 萬K
B	藍白色	2 萬K
A	白色	1 萬K
F	白色	8000K
G	黃色	6000K
K	橙色	4000K
M	紅色	3000K

獅子座

獅子座 α 星軒轅十四為1.4等，光譜型為B，距離太陽大約79光年。

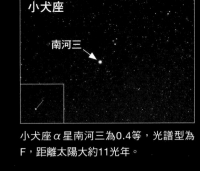

小犬座

南河三

小犬座 α 星南河三為0.4等，光譜型為F，距離太陽大約11光年。

天狼星

大犬座

大犬座 α 星天狼星為全天最明亮的恆星。－1.4等，光譜型為A，距離太陽大約8.6光年。

獅子座 α 星 軒轅十四
（1.4等）
距離太陽79光年

御夫座 α 星 五車二
（0.1等）
距離太陽43光年

雙子座 β 星
北河三
（1.1等）
距離太陽34光年

小犬座 α 星
南河三
（0.4等）
距離太陽11光年

太陽系
（實際上看起來
只是一個點）

大犬座 α 星
天狼星
（－1.4等）
距離太陽8.6光年

牧夫座 α 星
大角星（0等）
距離太陽37光年

天琴座 α 星
織女星（0等）
距離太陽25光年

天鷹座 α 星 牛郎星
（0.8等）
距離太陽17光年

銀河系中心
的方向

25光年

50光年

75光年

100光年

銀河盤面

半人馬座 α 星 南門二
（－0.01等）
距離太陽4.3光年

南魚座 α 星
北落師門
（1.2等）
距離太陽25光年

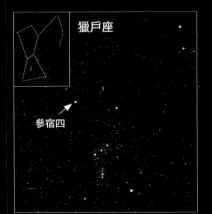

獵戶座

參宿四

獵戶座 α 星參宿四是一顆紅色超巨星，光譜型為M。它也是一顆變光星，亮度（視星等）以2110天的週期在0.4等到1.3等之間變化。

距離超過100光年且比1等星更明亮的恆星

1. 獵戶座 β 星，參宿七（0.1等）
   距離太陽約863光年

2. 獵戶座 α 星，參宿四（0.5等）
   距離太陽約498光年

3. 南十字座 α 星，十字架二（0.8等）
   距離太陽約322光年

4. 南十字座 β 星，十字架三（1.2等）
   距離太陽約279光年

5. 船底座 α 星，老人星（0.7等）
   距離太陽約309光年

6. 波江座 α 星，水委一（0.5等）
   距離太陽約139光年

7. 室女座 α 星，角宿一（1.0等）
   距離太陽約250光年

8. 半人馬座 β 星，馬腹一（0.6等）
   距離太陽約392光年

9. 天蠍座 α 星，心宿二（1.0等）
   距離太陽約554光年

10. 天鵝座 α 星，天津四（1.2等）
    距離太陽約2615光年

※保留拜耳命名法（Bayer designation），此為用一個希臘字母做前導，後面伴隨著拉丁文所有格的星座名稱，中文譯名則將希臘字母移到星座拉丁文譯名之後。

距離地球5000光年以內的星雲和星團3D地圖

讓我們從更遙遠的地方來眺望太陽系的方向吧！這次連位於太陽附近的恆星外的天體也看得到了。例如，獵戶座腰帶三星下方的「獵戶座星雲」（瀰漫星雲）、水瓶座旁邊的「螺旋星雲」（行星狀星雲），以及組成金牛座的群星中最明亮的「昴宿星團」（疏散星團）等等。觀察這些天體的3D地圖，可以發現這些天體都聚集在靠近銀河盤面的地方。

銀河系內擁有各式各樣的星雲和星團

所謂的**瀰漫星雲**，是指充滿整個星系的氣體及宇宙塵的雲，受到高溫年輕恆星從中誕生產生的光（紫外線）照射而電離，因而發出明亮光芒的天體。而電離狀態是指原本帶正電的原子核和帶負電的電子，組成了電中性的原子，但後來電子或原子核的一部分因故脫離原子所造成的狀態。

而**行星狀星雲**是因為外觀看起來像行星而得名。這種天體是巨星或紅巨星（恆星的一種形態）老化而即將演變成白矮星的階段。恆星表面的氣體逐漸向外側膨脹時，受到殘留於中心的高密度恆星核心放射出來的紫外線照射而電離，因而發出明亮的光芒。科學家認為，絕大多數質量小於太陽8倍的恆星，都會在成為紅巨星之後，於外側形成行星狀星雲，中心的恆星則成為白矮星。

疏散星團是集體誕生出數十顆至數千顆年輕恆星，疏疏落落地聚集而成的天體。除此之外，還有恆星聚集而分布成球狀的**球狀星團**，與質量為太陽8倍以上的恆星最終發生超新星爆炸，而把氣體及宇宙塵擴散開來的**超新星殘骸**等等。

5000光年以內的星雲、星團的3D地圖
1刻度：1000光年

在這幅插圖中，標示著距離太陽系5000光年以內的主要星雲、星團。1個刻度為1000光年。插圖最外側的圓，直徑為1萬光年，相當於銀河系直徑的10分之1。

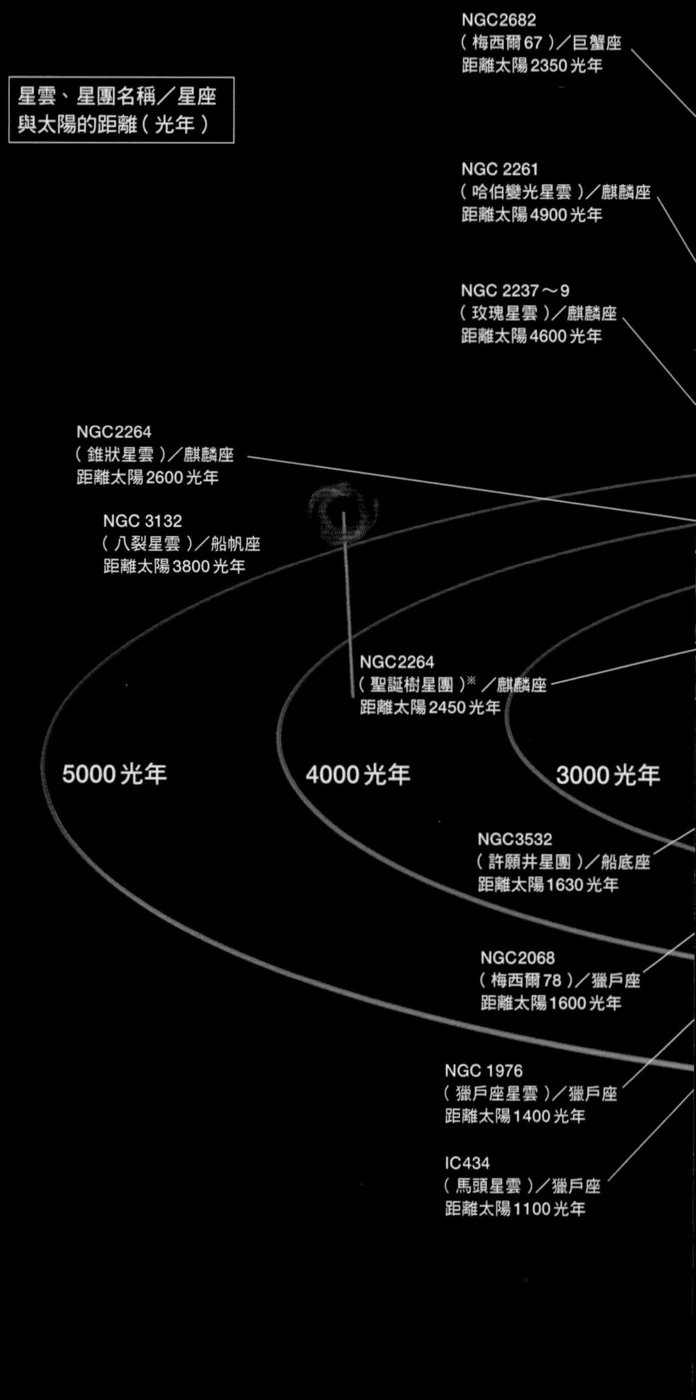

NGC2682
（梅西爾67）／巨蟹座
距離太陽2350光年

星雲、星團名稱／星座
與太陽的距離（光年）

NGC 2261
（哈伯變光星雲）／麒麟座
距離太陽4900光年

NGC 2237～9
（玫瑰星雲）／麒麟座
距離太陽4600光年

NGC2264
（錐狀星雲）／麒麟座
距離太陽2600光年

NGC 3132
（八裂星雲）／船帆座
距離太陽3800光年

NGC2264
（聖誕樹星團）※／麒麟座
距離太陽2450光年

5000光年　　　　4000光年　　　　3000光年

NGC3532
（許願井星團）／船底座
距離太陽1630光年

NGC2068
（梅西爾78）／獵戶座
距離太陽1600光年

NGC 1976
（獵戶座星雲）／獵戶座
距離太陽1400光年

IC434
（馬頭星雲）／獵戶座
距離太陽1100光年

※NGC 2264其實包含四個星雲與星團：錐狀星雲、聖誕樹星團、雪花星團和狐狸皮星雲。但因其形狀通常就直接稱為聖誕樹星團。

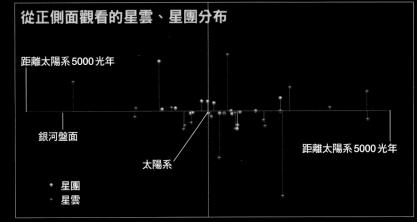

從銀河盤面的正側面觀看的星雲、星團分布示意圖。由圖可清楚看到星雲和星團沿著銀河盤面分布的模樣。

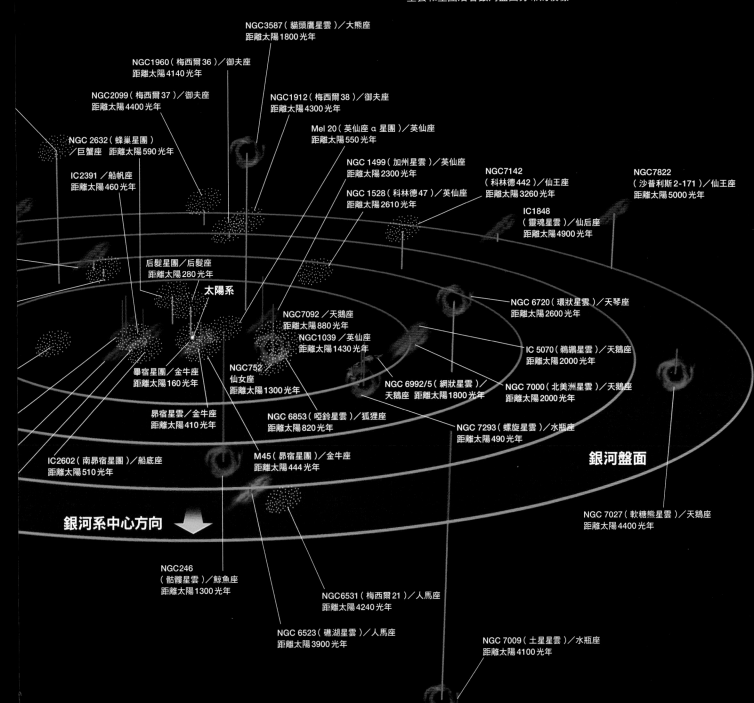

許多星座的恆星及星團存在銀河系的臂中

從 地球上看到的星雲和星團，沿著銀河盤面的方向（銀河）分布。藉由測量它們的距離，讓我們逐漸了解銀河系中的天體分布成圓盤狀。

銀河系是一個巨大的圓盤構造，有著多條螺旋臂。我們因從內側觀看，故呈銀河的樣貌。銀河系是恆星的集合體，螺旋明亮的地方聚集著眾多明亮的年輕恆星，暗淡的地方則較少。**這些明亮恆星聚集的地方形成螺旋的樣式，稱為「旋臂」。**當然，除了我們的銀河系之外，擁有這種螺旋構造的星系也不在少數。

銀河系的圓盤中充滿了光無法穿透的暗星雲。觀察旋臂的構造，可發現其內側看起來特別明亮，這是因為那個地方的暗星雲受到壓縮，因此從中不斷孕育出新的恆星。**太陽也可能是從旋臂中誕生。太陽如今位於這條「獵戶臂」朝向銀河系中心方向的邊緣處。**

太陽系從北側觀看，是沿著順時針方向在銀河系內公轉

銀河系一邊維持著旋臂的螺旋構造，一邊做著旋轉運動。在太陽系附近，週期為2.5億年繞轉 1 圈，速度高達每秒220公里。當然，太陽也隨著這個旋轉在銀河系內公轉。

從銀河系的北極側鳥瞰，銀河系沿著順時針方向在旋轉。但是，地球對太陽的公轉，從黃道北極（公轉軸）的方向來看，卻是沿著逆時針方向在旋轉（插圖）。這兩個情形並不矛盾。原本太陽系的黃道北極和銀河系的北極所指的方向就不相同，而且它們的尺度也有天壤之別。包括地球在內的太陽系旋轉，只不過是巨大銀河系裡產生的無數不規則運動（稱為湍流）中的一小部分而已。

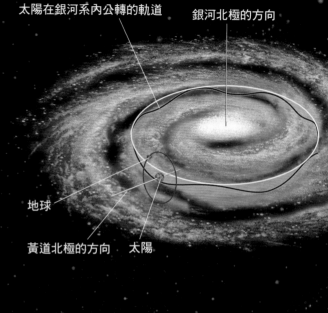

太陽在銀河系內公轉的軌道　　　銀河北極的方向

地球

黃道北極的方向　　　太陽

太陽在銀河系內公轉的軌道

巨大的螺旋構造顯示出銀河系在做著旋轉運動。銀河系中的太陽一邊在銀河盤面上下運動，一邊以2.5億年的週期公轉。它的速度達到秒速220公里。

旋臂構造

銀河系中有多達1000億～數千億顆恆星，這些恆星在某種程度上井然有序地分布著，但並非處於完全均衡的狀態。恆星若稍微靠近一點，引力的作用增強，又會把其他的恆星拉攏過來。於是便形成了恆星密度較高的區域，這些區域疏密間隔串連成密度波，再進一步發展成螺旋臂。也就是說，銀河系的螺旋其實是「波」，恆星和氣體都是在通過螺旋臂。

把銀河系的旋臂環切

左邊的插圖是把我們銀河系旋臂的一部分環切（下圖）再放大的想像圖。旋臂是從氣體孕育出恆星之處，也是剛誕生的恆星大放光芒的地方。

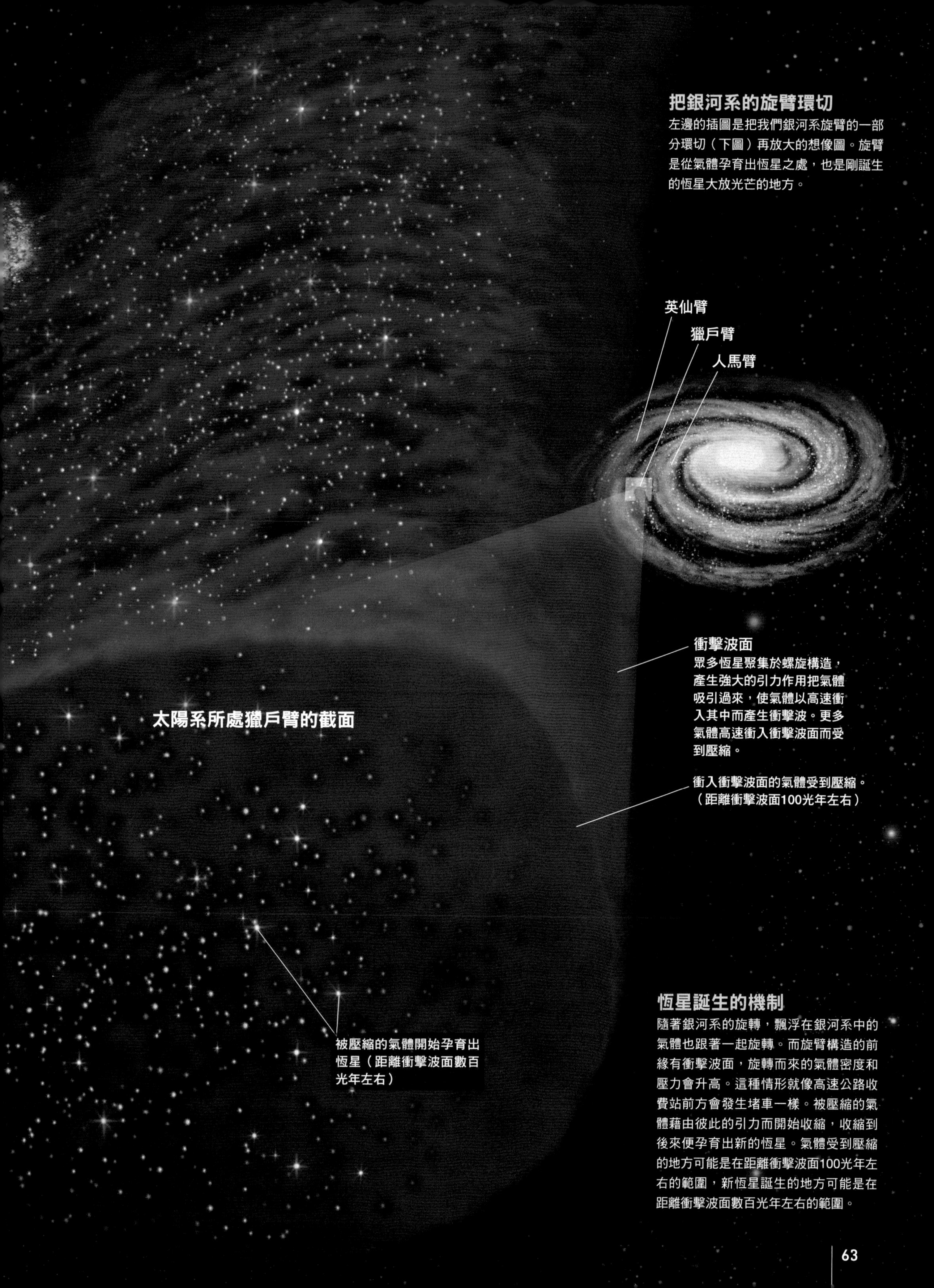

英仙臂

獵戶臂

人馬臂

太陽系所處獵戶臂的截面

衝擊波面
眾多恆星聚集於螺旋構造，產生強大的引力作用把氣體吸引過來，使氣體以高速衝入其中而產生衝擊波。更多氣體高速衝入衝擊波面而受到壓縮。

衝入衝擊波面的氣體受到壓縮。（距離衝擊波面100光年左右）

被壓縮的氣體開始孕育出恆星（距離衝擊波面數百光年左右）

恆星誕生的機制

隨著銀河系的旋轉，飄浮在銀河系中的氣體也跟著一起旋轉。而旋臂構造的前緣有衝擊波面，旋轉而來的氣體密度和壓力會升高。這種情形就像高速公路收費站前方會發生堵車一樣。被壓縮的氣體藉由彼此的引力而開始收縮，收縮到後來便孕育出新的恆星。氣體受到壓縮的地方可能是在距離衝擊波面100光年左右的範圍，新恆星誕生的地方可能是在距離衝擊波面數百光年左右的範圍。

把銀河系做電腦斷層掃描所看到的截面圖

前 面所談的，都是我們從可能分布於整個銀河系內的恆星當中，只挑出比較接近太陽系的恆星來做觀察。由於這些恆星的位置非常靠近我們，與地球的距離可以掌握到某個程度，所以才能夠繪製出它們的3D地圖。

那如果以整個銀河系為對象，要如何繪製出恆星分布的3D地圖呢？我們不妨根據目前所推測的銀河系構造模型，把銀河系做電腦斷層掃描，調查一下它截面的狀態吧！

銀河系做縱向和橫向的切割所看到的樣貌

首先，把銀河系做縱向（由上往下）切割，**可以看到在銀河系的螺旋模樣分成一節一節的明亮區域（亦即臂的部分），裡面聚集著眾多明亮的恆星。**

接下來把銀河系做橫向的切割，這個切割方法就像把魚削成薄片一樣。切割後的截面會呈現相同的螺旋圖案。

太陽系有可能就位於恆星聚集的這種臂中的一條（獵戶臂）上面。藉由這種宛如電腦斷層掃描的截面圖，或許能讓我們對銀河系的立體構造有所了解吧！不過對銀河系的構造，還有許多不明之處。而且，銀河系裡面不是只有恆星而已，還有氣體雲、暗物質等等。若要繪製更詳細的銀河系3D地圖，了解這些氣體雲等天體的分布也是非常重要的。

本頁插圖乃依據日本東京大學祖父江義明名譽教授，與日本鹿兒島大學學術研究院理工學域理學系物理暨宇宙專攻中西裕之副教授所提供的資料繪製而成。

銀河系的電腦斷層掃描

把銀河系拍攝斷層相片，會看到什麼樣的景象呢？在這裡同時呈現了利用可見光預測的斷層相片（黃色），以及銀河系內中性氫氣之分布模型的斷層相片（藍色）。星際氣體沉澱於銀河盤面，恆星遍布於氣體周圍。由此可知，銀河系的氣體分布是從恆星分布的區域滲溢到外面而膨脹開來。因為越往外側，把氣體吸往銀河盤面的引力越小。

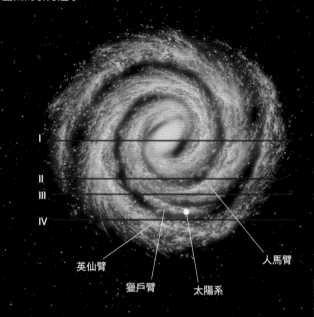

英仙臂　人馬臂　獵戶臂　太陽系

縱向切割時

把銀河系縱向切割的圖。恆星的分布集中於臂的部分（明亮的區域），但中性氫氣則薄薄地均勻分布於銀河盤面上（以泛藍色呈現）。氣體在恆星分布區域的盡頭外側，分布得越來越多，並且形成相對於銀河盤面傾斜的構造。

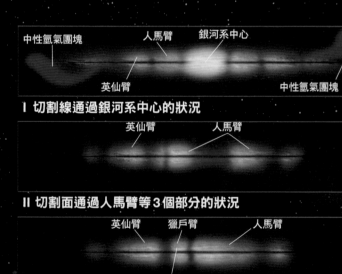

中性氫氣團塊　人馬臂　銀河系中心
英仙臂　中性氫氣團塊

I 切割線通過銀河系中心的狀況

英仙臂　人馬臂

II 切割面通過人馬臂等3個部分的狀況

英仙臂　獵戶臂　人馬臂
太陽系附近

III 切割面通過太陽系附近的狀況

英仙臂

IV 切割面通過英仙臂等3個部分的狀況

橫向切割時

把銀河系橫向切割的圖。銀河系為薄圓盤的構造，而最多恆星分布於銀河盤面。在插圖中，以垂直於銀河盤面的銀河北極方向為上側。由圖可知，中性氫氣大量分布的區域並非銀河盤面。

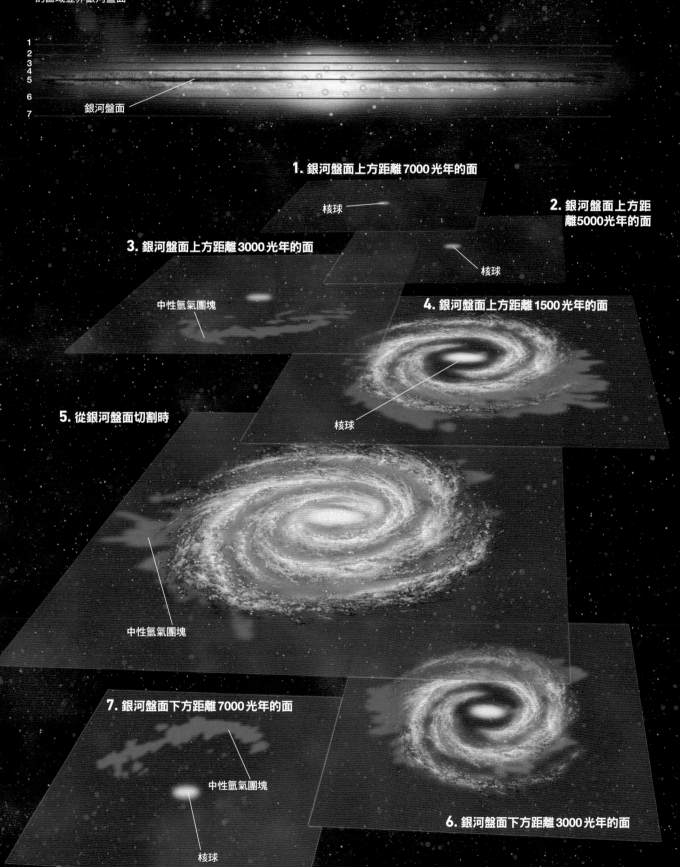

1
2
3
4
5
6
7

銀河盤面

1. 銀河盤面上方距離 7000 光年的面

2. 銀河盤面上方距離5000光年的面

核球

核球

3. 銀河盤面上方距離 3000 光年的面

中性氫氣團塊

4. 銀河盤面上方距離 1500 光年的面

核球

5. 從銀河盤面切割時

中性氫氣團塊

7. 銀河盤面下方距離 7000 光年的面

中性氫氣團塊

核球

6. 銀河盤面下方距離 3000 光年的面

銀河系的圓盤不是平坦的，而是撓曲的？

我們無法飛到銀河系外頭觀看銀河系的形狀，因此只能調查組成銀河系的物質如何分布，藉此推測該形狀。

一提到組成銀河系的物質，腦海裡可能會馬上浮現恆星這個答案。不過截至目前為止，調查的對象卻是以氣體的分布為主。

恆星放出的可見光會被宇宙塵吸收，因此離太陽系越遠的恆星，會受到越多宇宙塵干擾，逐漸無法觀測到。而氣體所放出的強烈無線電波並不會被宇宙塵吸收。因此，科學家便利用這個無線電波來觀測銀河系內的氣體分布，再依此推測銀河系圓盤的形狀。

即使位處遙遠，也能以高精度測得造父變星的距離

話雖如此，還是必須獲得恆星的分布資訊，才能較為精確地推測銀河系的形狀。在2018年至2019年期間，中國、波蘭、智利的三個研究團隊，以前所未有的高精度，測量了南半球天空全域恆星的距離。中國和智利的團隊是偵測穿透宇宙塵傳來的近紅外線，波蘭的團隊則是偵測波長接近近紅外線的可見光，所以即使有宇宙塵存在，仍能進行充分的觀測。

這三個團隊選定了某種特殊恆星做為觀測目標，就是能以高精度測量距離的「造父變星」。

造父變星的特徵是亮度會以數日至100日左右的週期變動。這個亮度變動週期越長，其真正的亮度（絕對亮度）越亮（左下圖）。利用這個關係，即可從觀測到的亮度變動週期，來推算這顆恆星的真正亮度。

而這個真正的亮度，能夠幫助我們推算恆星的距離。以相同亮度發光的幾個電燈泡當中，放在越遠處的電燈泡看起來越暗。同樣道理，真正亮度相同的幾顆恆星當中，位於越遠處的恆星視亮度越暗（距離增為2倍，則視亮度減為4分之1）。也就是說，只要知道視亮度和真正亮度，即可依此推知距離。所以，依據觀測到的視亮度和變動週期（真正的亮度），就能以高精度推知造父變星的距離（誤差為15%左右）。

再者，由於造父變星是非常明亮的恆星，所以也能用來測量大約6500萬光年以內的星系距離。銀河系的直徑為10萬光年，所以測量銀河系內的造父變星是非常簡單的事情。

銀河系的邊緣以平緩地撓曲擴散開來

在此之前，已測量過太陽系附近500顆左右的造父變星距離。這次三個團隊則把調查範圍擴大到銀河系的廣闊區域，而且是偵測不容易受到宇宙塵干擾的近紅外線和長波長可見光，藉此獲取高精度的觀測數據等資料。

中國團隊和波蘭團隊分別測得約1300顆和2400顆變星的距離資料，接著借這些資料塑造出銀河系的可能形貌。智利的團隊則進行更高精度的觀測，新測量了640顆造父變星的距離。

所塑造出來的銀河系可能形貌，從正側面看去，並非一般所想像有如煎餅一般的平坦形

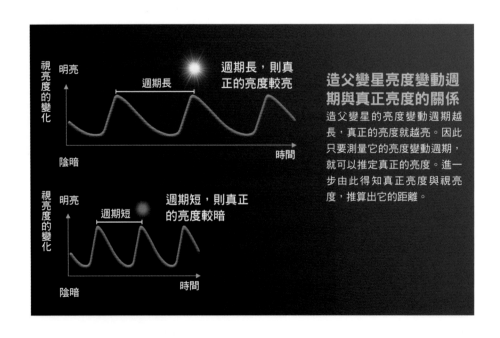

造父變星亮度變動週期與真正亮度的關係
造父變星的亮度變動週期越長，真正的亮度就越亮。因此只要測量它的亮度變動週期，就可以推定真正的亮度。進一步由此得知真正亮度與視亮度，推算出它的距離。

視亮度的變化　明亮　週期長　週期長，則真正的亮度較亮　陰暗　時間

視亮度的變化　明亮　週期短　週期短，則真正的亮度較暗　陰暗　時間

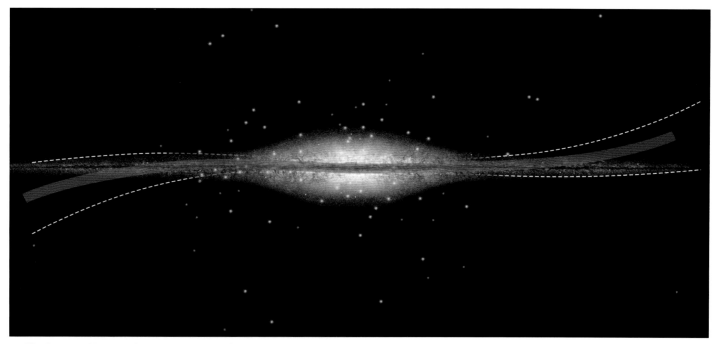

依據造父變星的研究，塑造出的銀河系可能形貌

以高精度調查銀河系內的造父變星分布（距離）的結果，塑造出上方插圖所示的銀河系可能形貌。從正側面觀看銀河系，呈現平緩地撓曲（粉紅色曲線），邊緣往上下方向擴散（虛線）。科學家懷疑，撓曲及兩端擴散的原因，可能是受到鄰近的矮星系及暗物質撞擊所致。另一些科學則認為撞擊只會產生如水波般的起伏，這種撓曲應是質量分布差異造成的。

狀，而是具有平緩的撓曲，並且邊緣逐漸擴散開來的模樣（上圖）。

撓曲的原因在於鄰近的矮星系和暗物質？

根據以前所獲得的氣體分布資料，這樣的形狀或許在其他星系也可以看得到。但即便如此，究竟為什麼會變成這樣的形狀呢？

日本東京大學松永典之博士依據造父變星研究銀河系形貌，對這個撓曲原因提出了他的看法：「銀河系的圓盤原本是平坦的，可能是因為和鄰近的矮星系或暗物質等天體發生碰撞，才導致了彎曲。」此外，對圓盤邊緣擴散開來的原因則認為：「在圓盤的邊緣，恆星及氣體等物質的密度比較稀薄，藉由引力聚攏的力也比較微弱。原本圓盤就比較薄弱

了，再加上受到矮星系或暗物質等天體的碰撞，因此往上下方向擴散開來。」

能否獲得探索星系演化的有力線索？

今後希望藉由持續進行更深入的觀測和分析，完成整個銀河系造父變星的完整目錄。例如第43頁介紹過的蓋亞號衛星，也是有可能發現新的造父變星。

搜集造父變星的資料，會讓我們明白什麼事情呢？在這次的報告中，不僅搜集了亮度週期等資料，也搜集了造父變星的年齡資料。若能搜集到更多造父變星的年齡、分布資料，便可據以推測造父變星是在銀河系內的什麼地方誕生，其後如何擴散分布。據此或許能得到有力的線索，幫助我們探索銀河系的螺旋臂是依循什麼機

制形成，後來臂的形狀又是如何演變等等。

進一步，還可以詳細調查每一顆造父變星組成元素的種類和比例（化學組成）。松永博士說道：「依據造父變星的分布和化學組成資料，可以讓我們得知銀河系各個地方是如何製造出重元素的歷史吧！由於現在已能大量調查造父變星這樣的恆星，所以不僅銀河系的形貌，還極有可能獲得探索演化過程的線索。期待未來利用造父變星研究星系的領域能夠蓬勃發展！」

銀河系外也有肉眼能見的天體存在

夜空中的群星絕大多數位於我們的銀河系內。但位於銀河系外的天體中,也有看起來比月球更大的天體,那就是大麥哲倫雲和小麥哲倫雲。麥哲倫雲只有在南半球的夜空才看得到,其實看起來有滿月的10～20倍大。像這樣,在銀河系的外面,也有單憑我們的肉眼或雙筒望遠鏡就能看到的天體存在。

銀河系屬於本星系群這個集團的一份子

銀河系旁邊的仙女座星系距離我們有250萬光年之遙,單憑肉眼看起來好像是一個星雲。**銀河系和仙女座星系、麥哲倫雲等50個以上的星系組成了「本星系群」這個集團。**

星系依外觀上的特徵大致分為「橢圓星系」、「螺旋星系」、「不規則星系」這三大類。我們的銀河系和仙女座星系都歸類在螺旋星系,這類星系的一大特徵是中心核的部分擁有核球構造。

屬於銀河系衛星星系的大麥哲倫雲、小麥哲倫雲,則歸類為不規則星系。觀察右圖便可得知,這些星系在本星系群中的位置非常靠近,而仙女座星系則位於比較遠的地方。

含銀河系在內的本星系群

以和銀河系相距250萬光年的仙女座星系為中心,半徑300萬光年左右的範圍內,所有星系聚集而成的群體,稱為本星系群。銀河系和仙女座星系的周圍有許多矮星系(小型星系)存在。

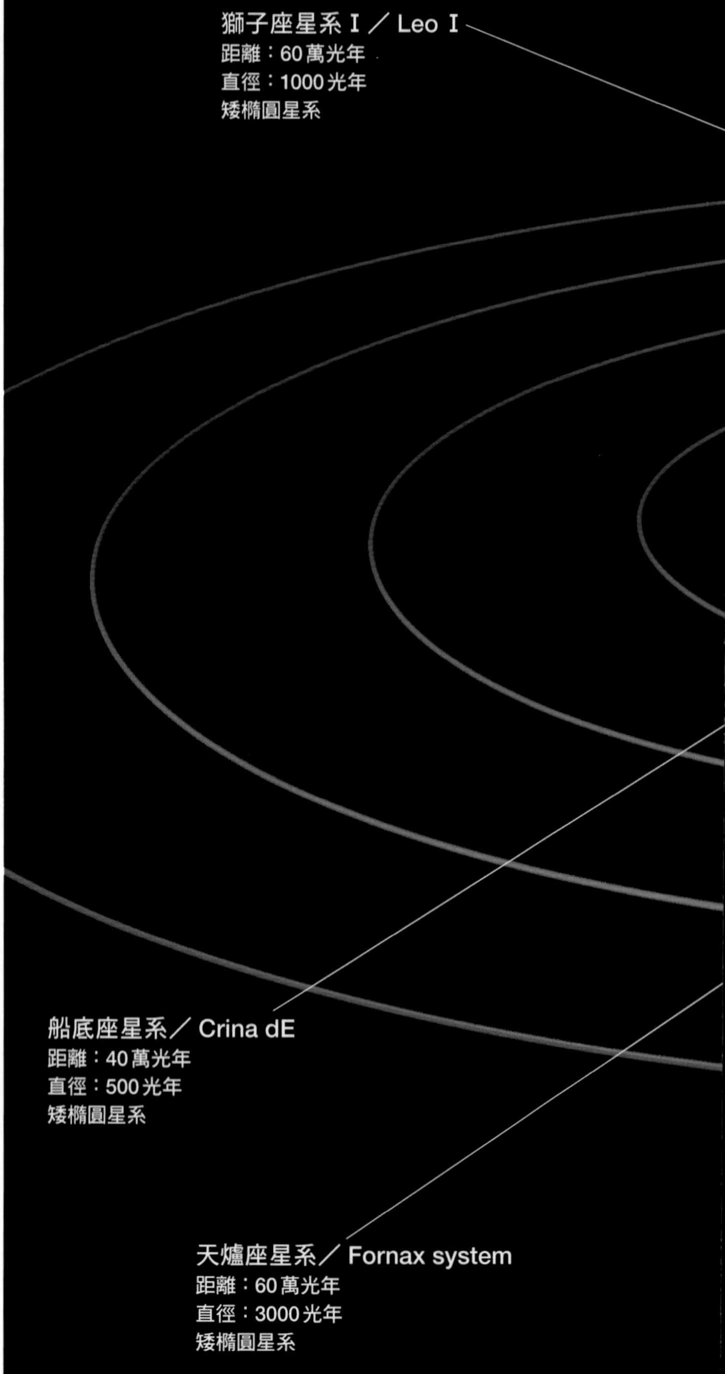

獅子座星系 I ／ Leo I
距離:60萬光年
直徑:1000光年
矮橢圓星系

船底座星系／ Crina dE
距離:40萬光年
直徑:500光年
矮橢圓星系

天爐座星系／ Fornax system
距離:60萬光年
直徑:3000光年
矮橢圓星系

本星系群的 3D 地圖
1 個刻度：50 萬光年

以銀河系為中心，在銀河盤面延伸出去的平面
上，繪製 1 個刻度為50萬光年的同心圓。

名稱／星系名稱
距離
直徑
分類

仙女座星系附近還有NGC185、
NGC205、M32等橢圓星系存
在，但未在此圖中呈現。

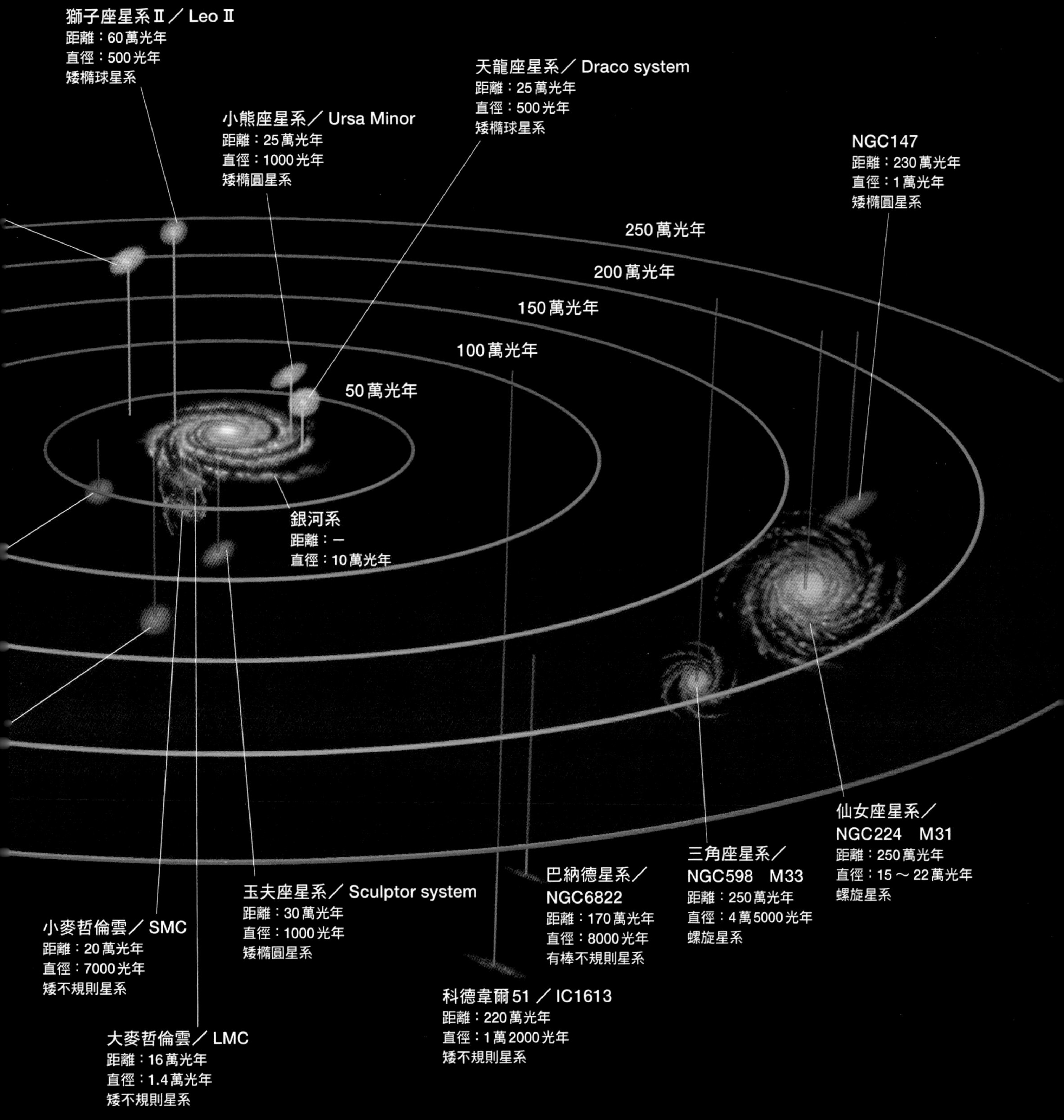

獅子座星系Ⅱ／Leo Ⅱ
距離：60 萬光年
直徑：500 光年
矮橢球星系

小熊座星系／Ursa Minor
距離：25 萬光年
直徑：1000 光年
矮橢圓星系

天龍座星系／Draco system
距離：25 萬光年
直徑：500 光年
矮橢球星系

NGC147
距離：230 萬光年
直徑：1 萬光年
矮橢圓星系

250 萬光年
200 萬光年
150 萬光年
100 萬光年
50 萬光年

銀河系
距離：一
直徑：10 萬光年

仙女座星系／
NGC224　M31
距離：250 萬光年
直徑：15 ～ 22 萬光年
螺旋星系

三角座星系／
NGC598　M33
距離：250 萬光年
直徑：4 萬 5000 光年
螺旋星系

巴納德星系／
NGC6822
距離：170 萬光年
直徑：8000 光年
有棒不規則星系

玉夫座星系／Sculptor system
距離：30 萬光年
直徑：1000 光年
矮橢圓星系

小麥哲倫雲／SMC
距離：20 萬光年
直徑：7000 光年
矮不規則星系

科德韋爾 51 ／ IC1613
距離：220 萬光年
直徑：1 萬 2000 光年
矮不規則星系

大麥哲倫雲／LMC
距離：16 萬光年
直徑：1.4 萬光年
矮不規則星系

隱藏於「本星系群」的星系歷史

協助 ┊ **有本信雄**
前韓國首爾大學客座教授

我們居住的銀河系（銀河）和隔壁的「仙女座星系」同時誕生。這兩個星系可能是由其周邊的眾多矮星系聚集合併而形成。時至今日，銀河系和仙女座星系的周圍仍然有許多這樣的矮星系存在，和我們的星系共同組成一個集團，稱之為「本星系群」。本星系群就是指這個以銀河系及仙女座星系為中心，半徑約300萬光年範圍的星系集團。

本星系群的主要成員是稱為「矮星系」的小型星系。所謂的矮星系，多數是指絕對星等比-18等更暗，質量為太陽106～1010倍的星系。

矮星系依其形狀及亮度等特徵，大致上分為「矮橢圓星系」和「矮不規則星系」這兩大類。在本星系群中，包括非常暗的矮星系在內，一共觀測到了50個以上的矮星系。

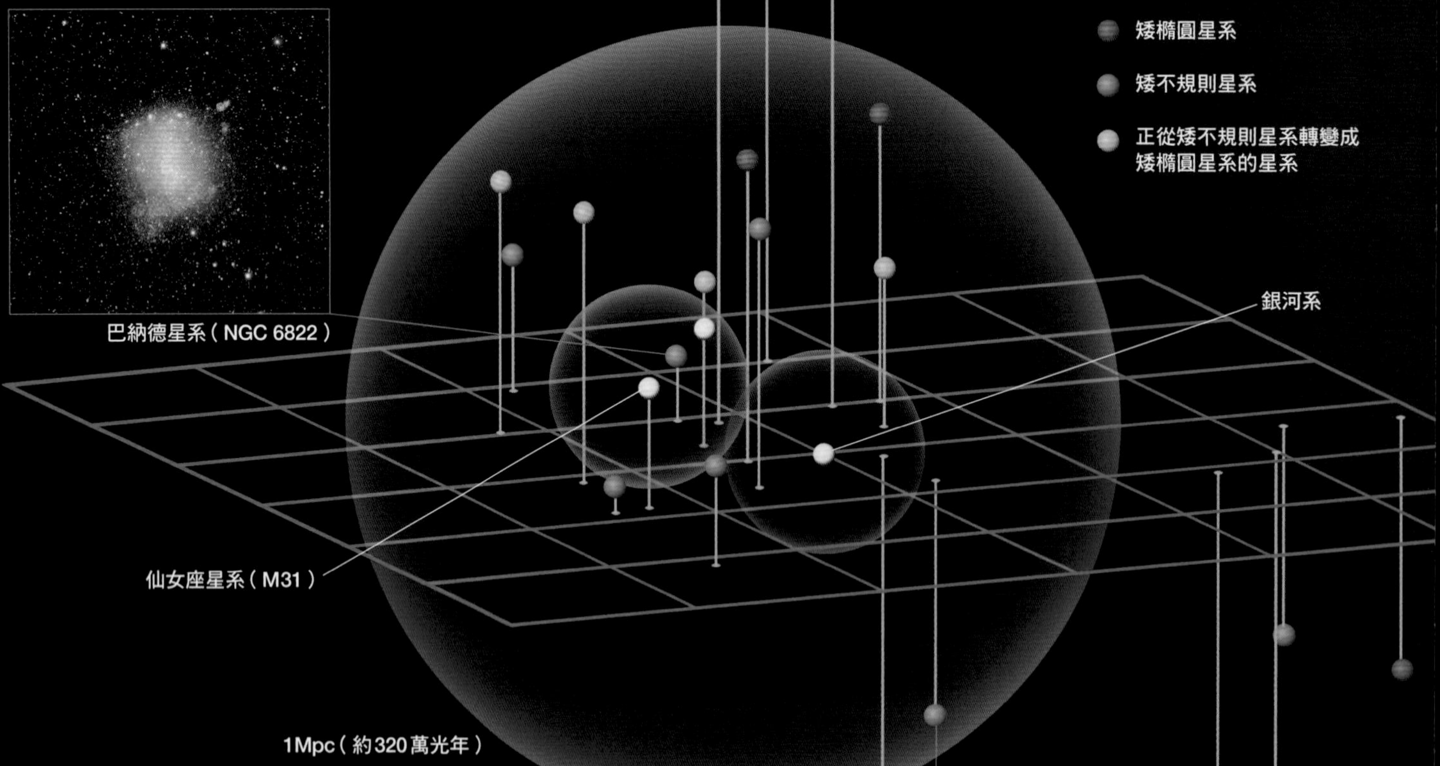

● 螺旋星系
● 矮橢圓星系
● 矮不規則星系
● 正從矮不規則星系轉變成矮橢圓星系的星系

巴納德星系（NGC 6822）

銀河系

仙女座星系（M31）

1Mpc（約320萬光年）

獅子座A

六分儀座A

◉本星系群
上圖所示為本星系群之代表星系的位置與種類。右頁為本星系群的星系當中，伴隨仙女座星系的子群（上）和伴隨銀河系的子群（下）放大圖。

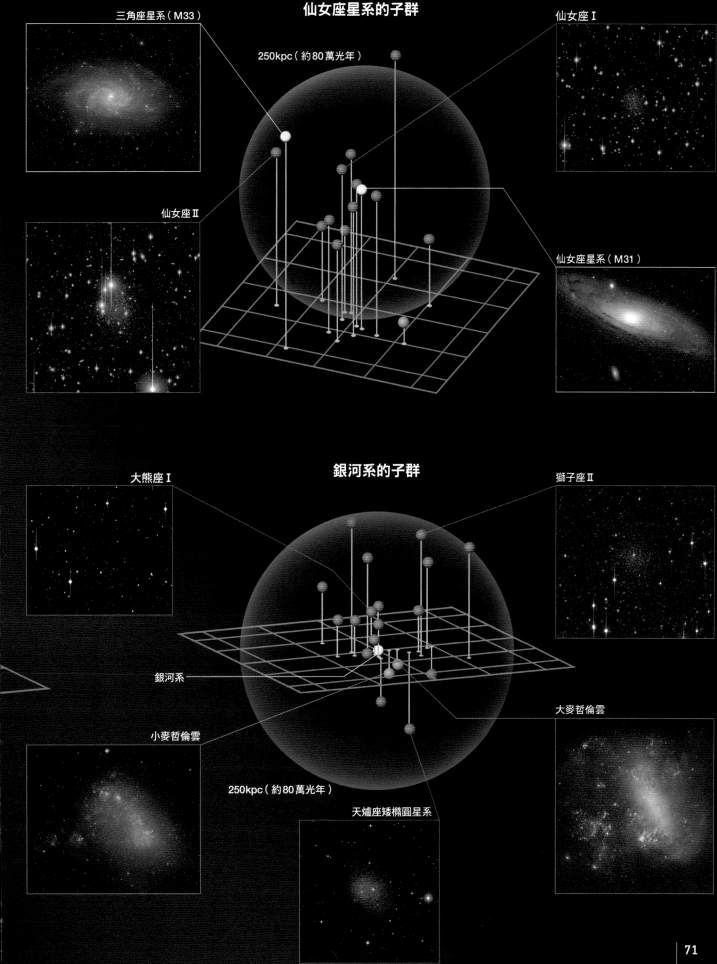

仙女座星系的子群

三角座星系（M33）

250kpc（約80萬光年）

仙女座 I

仙女座 II

仙女座星系（M31）

銀河系的子群

大熊座 I

獅子座 II

銀河系

大麥哲倫雲

小麥哲倫雲

250kpc（約80萬光年）

天爐座矮橢圓星系

▶圍繞著仙女座星系的星系

左邊為隸屬仙女座星系子群的螺旋星系「M33」。距離地球250萬光年，直徑約為銀河系的一半。有許多恆星沿著螺旋臂誕生。藍點為年輕恆星，粉紅點是在中心誕生的恆星放出的紫外線照射下被電離的氫氣。中間的「仙女座I」和右邊的「仙女座II」都是矮橢球星系。矮橢球星系裡頭幾乎沒有恆星原料的氣體存在，很難製造出新的恆星，所以大多由古老的恆星所組成，成為非常暗淡的星系。在仙女座星系的周邊，有許多這樣的矮橢球星系存在。

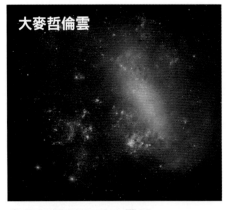 

▶圍繞著銀河系的星系

在銀河系子群中，比較有名的成員是「大麥哲倫雲」和「小麥哲倫雲」。它們被歸類為沒有固定形狀的「矮不規則星系」，但也有人把它們稱為「麥哲倫雲型螺旋星系」。矮不規則星系和螺旋星系、橢圓星系不一樣，沒有特定的形狀，但仍在孕育恆星。整個星系中，除了年輕恆星之外，通常也遍布著古老的恆星。大麥哲倫雲距離地球只有短短的16萬光年，因此天文學家以最高的解析力（能夠分辨一顆顆恆星的能力）對它進行觀測。

右邊的「天爐座矮橢球星系」距離地球60萬光年，整體遍布著年齡超過100億歲的古老恆星，也有年齡不到10億歲的年輕恆星存在。但並未發現其中含有恆星原料的氣體。銀河系子群的成員中有許多矮橢球星系，大多像天爐座矮橢球星系這樣，不只擁有古老的恆星，也有比較年輕的恆星，比起仙女座星系子群的矮橢球星系更加多元有特色。

宇宙中的星系會分別聚集成各個集團，規模較大的稱為「星系團」，規模較小的便稱為「星系群」。

以銀河系和仙女座星系（M31）為中心的「本星系群」，聚集了50個以上的星系。

這些星系主要集中在銀河系和仙女座星系的周圍，分別組成子群。在距離這些子群比較遠的地方，也有一些不受銀河系及仙女座星系的引力所吸引的矮星系存在。本星系群的半徑大約300萬光年。

本星系群除了銀河系、仙女座星系、三角座星系（M33）這三個螺旋星系之外，其餘都是稱為「矮星系」的超小型星系。根據現在的標準星系演化理論，大型星系是由小型星系合併而成。所以，本星系群的眾多矮星系，是沒有參與組成銀河系和仙女座星系而殘餘下來的小型星系。

矮星系可大致分為「矮橢球星系」和「矮不規則星系」。在銀河系和仙女座星系的子群中，雖然有大麥哲倫雲和小麥哲倫雲之類的例外，但大多是矮橢圓星系。另一方面，在不屬於任一個子群的矮星系當中，則以矮不規則星系居多。而在這之中，也有一些星系兼具矮橢球星系和矮不規則星系兩者的性質，可能是正在從矮不規則星系轉變成矮橢球星系的過渡期。

巴納德星系（NGC 6822）

大熊座 I

⊳ 位於邊陲地帶的矮星系

「NGC 6822」距離地球170萬光年，離銀河系和仙女座星系都很遙遠。在不屬於銀河系子群和仙女座星系子群的矮星系當中，大多是像NGC 6822這樣的矮不規則星系。原本以為NGC 6822可能是從至少120億年前開始孕育恆星，到數十億年前為止，誕生的恆星才逐漸減少。但是現在卻發現了許多年輕恆星，由此得知，它在1～2億年前再度活躍地孕育恆星。

⊳ 看不到身影的矮星系

上圖是使用昂星望遠鏡拍攝看不到身影的「大熊座 I」某個區域。畫面上完全看不出任何形似星系的東西，但分析這個畫面中的恆星顏色和亮度關係之後，能夠分辨出隸屬「大熊座 I」的恆星和不隸屬的恆星。只取出隸屬「大熊座 I」的恆星並描繪其密度後，顯示出越往中心則密度越高，因此可以明確地判斷那個地方有星系存在。

分辨恆星來追溯矮星系的歷史

本星系群的星系由於距離地球比較近，所以各個星系內的恆星都能逐一辨認。研究星系演化與形成的前韓國首爾大學客座教授有本信雄博士說：「這是了解星系演化歷史的重大關鍵點。」

能夠辨認一顆顆的恆星，便能得知這些恆星在顏色-星等圖（Colour-Magnitude Diagram, CMD，赫羅圖 Hertzsprung-Russell Diagram, HRD的一種）上的位置。根據恆星演化理論，恆星在赫羅圖上的位置與該恆星的年齡有關，因此，只要調查星系中眾多恆星之顏色和亮度的關係，便可得知該星系中何種年齡的恆星比較多。這麼一來，就有可能追溯該星系的恆星歷史。

此外，在銀河系外緣稱為暈的區域，可能還有許多以前被合併進來的矮星系所殘餘的恆星。於同一個矮星系出身的恆星，應具有相似的化學組成，因此調查這些恆星的化學組成，可以得知以前有什麼樣的矮星系被銀河系吞併進來。因此，日本國立天文台使用昂星望遠鏡（Subaru Telescope）同時分析2400顆恆星的光，並正在開發能調查恆星化學組成的裝置。

有本博士說：「像這樣把恆星一顆一顆徹底地調查，應該就能追溯銀河系是如何形成的吧！我們稱這個領域為星系考古學。」

與星系演化有關的隱形星系

但是，藉由觀測所發現的矮星系數量，遠遠少於根據理論模擬出的數量。不足的矮星系究竟跑到哪裡去了呢？

最近的研究發現了一種「非常暗的矮星系」的存在，例如大熊座 I。這種星系所在的位置，乍看之下只有幾顆恆星均勻地散布著。但在調查恆星顏色和亮度的關係之後，就會發現其中具有某種密集的樣式，進而得知那個地方有星系存在。使用昂星望遠鏡施行大規模探察的結果，就陸續發現了許多看不到的矮星系，我們期待能早日解開這些隱形矮星系的謎題。

這些星系的年齡和銀河系內最古老的球狀星團M92差不多。恆星的年齡相當一致，這表示恆星在宇宙初期的短暫時間內，就停止形成了。這可能是因為當宇宙再度電離時，受到強烈紫外線的照射而阻礙了恆星形成。

由上述可知，如果想要了解星系的形成與演化，本星系群是最合適的研究場所，也可以說是「星系演化的實驗室」。

☄

我們銀河系的隸屬團群已經變更了！？

　　絕大多數星系在宇宙中並非以「孤狼」的姿態存在，而是若干個星系聚集成為一個小群，若干個小群又聚集成一個更大的群。可將每個群視為一個團體單位，各個星系便分別隸屬之。而「超星系團」（super-cluster）便是最大的團體單位，相當於我們的國籍。例如，我們居住的銀河系屬於「本星系群」，本星系群又屬於更大的「室女座超星系團」（Virgo supercluster）。

　　但在2014年9月，美國夏威夷大學的塔利（Richard Brent Tully，1943～）和法國里昂第一大學的庫爾圖瓦（Helene Courtois，1970～）所領導的團隊發表了一篇論文[※]，試圖以新的方法來界定一個超星系團所占據的範圍，亦即標繪出超星系團的境界線。

　　追根究柢，原本定義範圍的方法就不明確。只要許多個星系聚集在一起，就把那裡稱為「超星系團」。但這篇論文企圖消除這種模糊性，用明確的方式劃分超星系團的範圍。

　　為了決定超星系團的範圍，就必須用到星系的運動。星系的運動包括因宇宙膨脹而看似遠離我們而去的運動，以及在宇宙空間的各個方向移動的「本動運動」（Peculiar Motion or Peculiar Velocity）。這篇論文使用大約8000個星系過去的觀測資料，

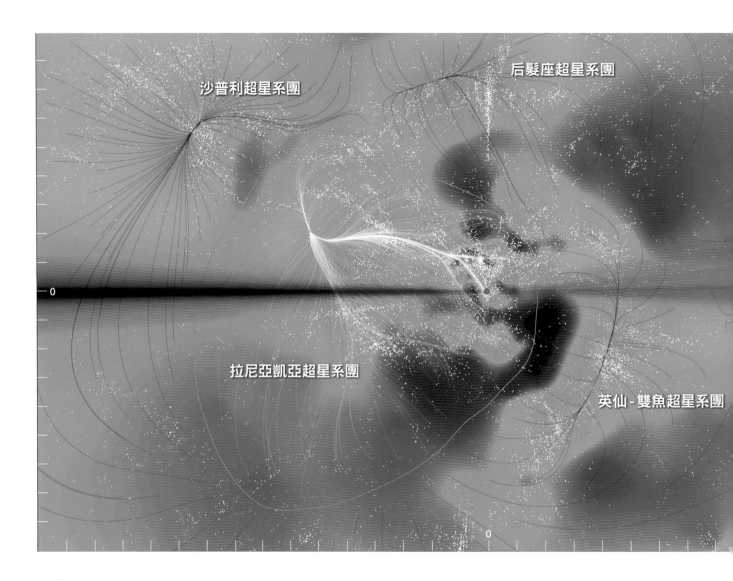

沙普利超星系團

后髮座超星系團

拉尼亞凱亞超星系團

英仙-雙魚超星系團

求算出各星系本動運動的速度和方向，然後把各星系的位置和運動方向標示在圖上。（下圖）

銀河系隸屬於「拉尼亞凱亞超星系團」

觀察該圖便可得知星系集團朝同個方向移動。例如，圖上的白線，即代表星系運動朝著與銀河系（粉紅點）大致相同的方向移動。追根究柢，星系之所以會做本動運動，是因為宇宙空間的引力並不均勻，使星系往引力較強的方向移動。白線所朝的方向，與先前認為有強大引力源（巨引源，great attractor）存在的區域一致。

這篇論文認為，位於這些白線區域（橙色框內）的星系，都受到許多個星系團等天體組成的同一引力源的影響，而星系的運動以橙色線為境界線，因此主張把這個框定義為超星系團的境界，並將框內的區域命名為「拉尼亞凱亞超星系團」（Laniakea Supercluster）。

拉尼亞凱亞超星系團的直徑為5億光年，質量為太陽的1017倍，擁有10萬個星系。以直徑來比較的話，比之前所知道的超星系團都還要大好幾倍。「拉尼亞凱亞」一詞源自夏威夷語，意思是「廣大的天」。

逐漸闡明銀河系周邊的暗物質分布

今後，其他超星系團應該也會依據星系的本動運動，來重新決定它們的範圍吧。日本東京大學嶋作一大博士主要在鑽研星系的形成與演化，對於這個問題表示：「我覺得要適用這個方法，是非常困難的事情。」

各個星系除了本動運動之外，還會因為宇宙膨脹的效應而遠離銀河系。若想求得本動運動的速度，必須從觀測到的星系速度，減去因而離去的速度。但是，若想求得因宇宙膨脹造成的遠離速度，必須先求得星系與我們的距離。因為離我們越遠的星系，遠去的速度越快。嶋作博士說道：「這個星系的距離值必須正確才行。只要有小小的10%誤差，便無法計算出本動運動的速度。然而，這次分析的是比較近的星系，若要分析更遠的星系，以目前的觀測技術來說，應該無法求得本動運動的速度吧！」

看來，似乎只有銀河系及其鄰近星系的所屬團體單位被變更而已。不過，這次的成果除了能依清楚明確的基準來決定超星系團的範圍，還有另外一個重大的意義。嶋作博士表示：「那就是闡明了銀河系周邊的引力分布。」

「銀河系承受著來自周圍的引力而運動。因此，闡明銀河系周邊的引力分布，將有助於闡明促使銀河系運動的原因。而且這次藉由星系運動的力學現象，求出引力的分布，也能推測出看不見的暗物質分布。依據現在的宇宙論，暗物質可能是宇宙構造（星系的分布等等）的「種子」，亦即普通物質受到暗物質的引力吸引而聚攏，因此創造出各種宇宙構造。這次闡明的引力分布，應該會被用來檢證這個假說吧！」

本圖把銀河系鄰近的星系密度和本動運動的方向，標示在平面上。粉紅色小點為銀河系，位於這幅圖的中心。縱軸、橫軸分別標示與銀河系的距離，每個刻度相當於13.3百萬秒差距（Mpc，1Mpc為大約326萬光年）。散布在圖中的白色小點都是星系。紅色區域的星系密度較高，綠色區域的星系密度中等，空蕩蕩的藍色區域則幾乎沒有星系存在。白線是依據隸屬於拉尼亞凱亞超星系團中的眾多星系所運動的大概方向繪成。把白線端點連綴起來的橙色框定義為拉尼亞凱亞超星系團的境界線。而朝這個超星系團以外的區域而去的星系的運動，便用黑線表示。

「沙普利超星系團」（Shapley Supercluster）、「后髮座超星系團」、「英仙-雙魚超星系團」都是原本已知的超星系團。順帶一提，室女座超星系團已被納入拉尼亞凱亞超星系團之中。

※出自Nature, vol 513, number 7516, 71-73（04 September 2014）"The Laniakea supercluster of galaxies"

潛藏於星系
的神祕黑洞

星系之中不只有熠熠生輝的天體，也有吸進光而完全黑暗的「黑洞」。黑洞是大質量恆星在生涯最後階段發生爆炸而產生的天體。但是，最近有一種和這個普通型態截然不同的黑洞受到大家關注，那就是在連恆星都尚未出現的宇宙最初期所誕生的「原初黑洞」。原初黑洞或許就是星系中大量存在的暗物質，也有可能是位在星系中心的巨大黑洞的種子。

本章將介紹正在戮力進行中的原初黑洞第一線研究工作，以及成功直接拍攝到黑洞的驚人消息。

協助　原田知廣／須山輝明／本間希樹／川島朋尚

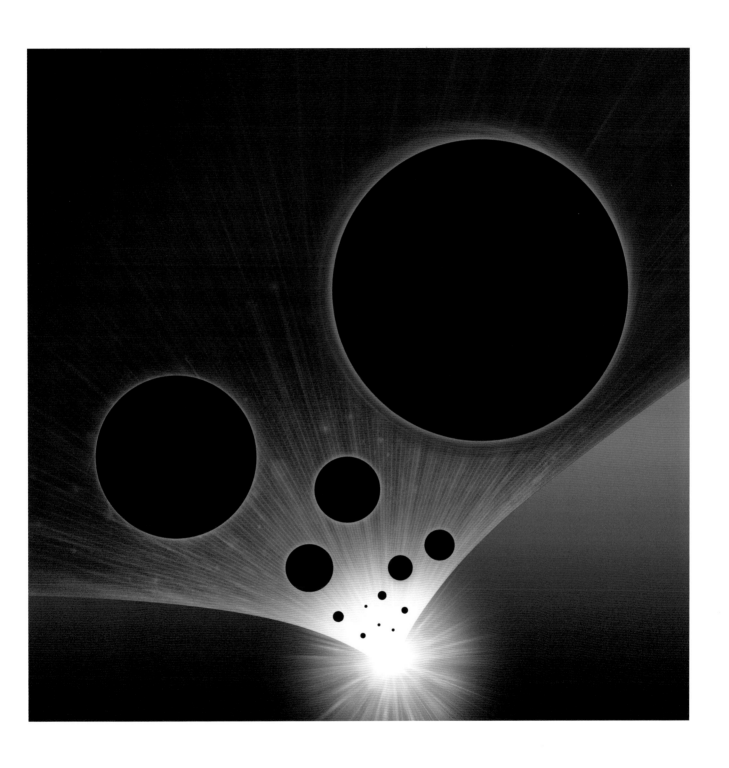

霍金博士預言的「原初黑洞」是什麼？

黑洞是重力強大到即使全宇宙速度最快的光（秒速約30萬公里）也無法逃脫的天體。天文學家認為黑洞可能是由大質量的恆星演變而成的。質量為太陽25倍以上的恆星，在其臨終階段會發生「超新星爆炸」（supernova explosion），爆炸後產生的超高密度中心核，由於本身重力，因而塌縮成黑洞。

但是，原初黑洞的孕育方法，卻與「普通的」黑洞完全不同。英國物理學家霍金（Stephen William Hawking，1942～2018）於2017年發表了一個假說，「原初黑洞是從宇宙剛誕生時的密度『不勻』中誕生。」

黑洞從「不勻」中誕生

剛誕生的宇宙可能處於超高溫、超高密度的炙熱火球狀態（大霹靂）。在這個時期，基本粒子充滿在宇宙當中，雖然密度幾近完全均勻，但仍有一些「不勻」存在。由於這些「不勻」在各處造成了密度極高的部分，便可能使本身的重力塌縮到極限，最後誕生了黑洞。

在宇宙誕生後的數秒內，應該會生出許多大小不一的原初黑洞，最小的只有10萬分之1公克，最大的可達太陽質量數十億倍。日本立教大學原田知廣教授專門在研究原初黑洞的理論，他說：「原初黑洞會依據在何時形成，而具有不同的質量。黑洞形成的時間距離宇宙誕生的時間越久，所具有的質量就越大。」

恆星是從宇宙誕生數億年後才開始誕生的。但早在這之前，或許宇宙中就已經有無數個黑洞存在了。

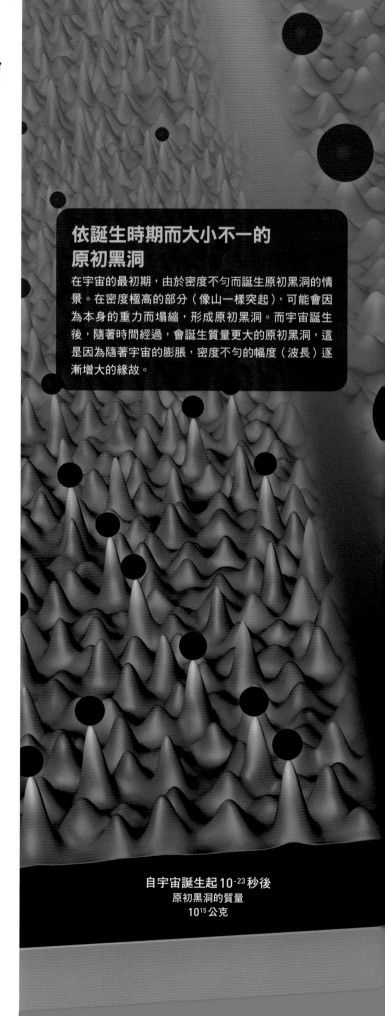

依誕生時期而大小不一的原初黑洞

在宇宙的最初期，由於密度不勻而誕生原初黑洞的情景。在密度極高的部分（像山一樣突起），可能會因為本身的重力而塌縮，形成原初黑洞。而宇宙誕生後，隨著時間經過，會誕生質量更大的原初黑洞，這是因為隨著宇宙的膨脹，密度不勻的幅度（波長）逐漸增大的緣故。

自宇宙誕生起 10^{-23} 秒後
原初黑洞的質量
10^{15} 公克

小型原初黑洞全部蒸發了

霍金博士從理論上闡明了黑洞會「蒸發」，亦即放出光子（光的基本粒子）等粒子，慢慢地喪失質量。這種現象稱為「霍金輻射」（Hawking radiation）。質量越小的黑洞，蒸發速度越快，極度微小的黑洞會放出強烈的伽瑪射線（與光同類的高能量電磁波）等。理論上，10^{15}公克（10億公噸）以下的黑洞在宇宙138億年的期間已經全部蒸發了。

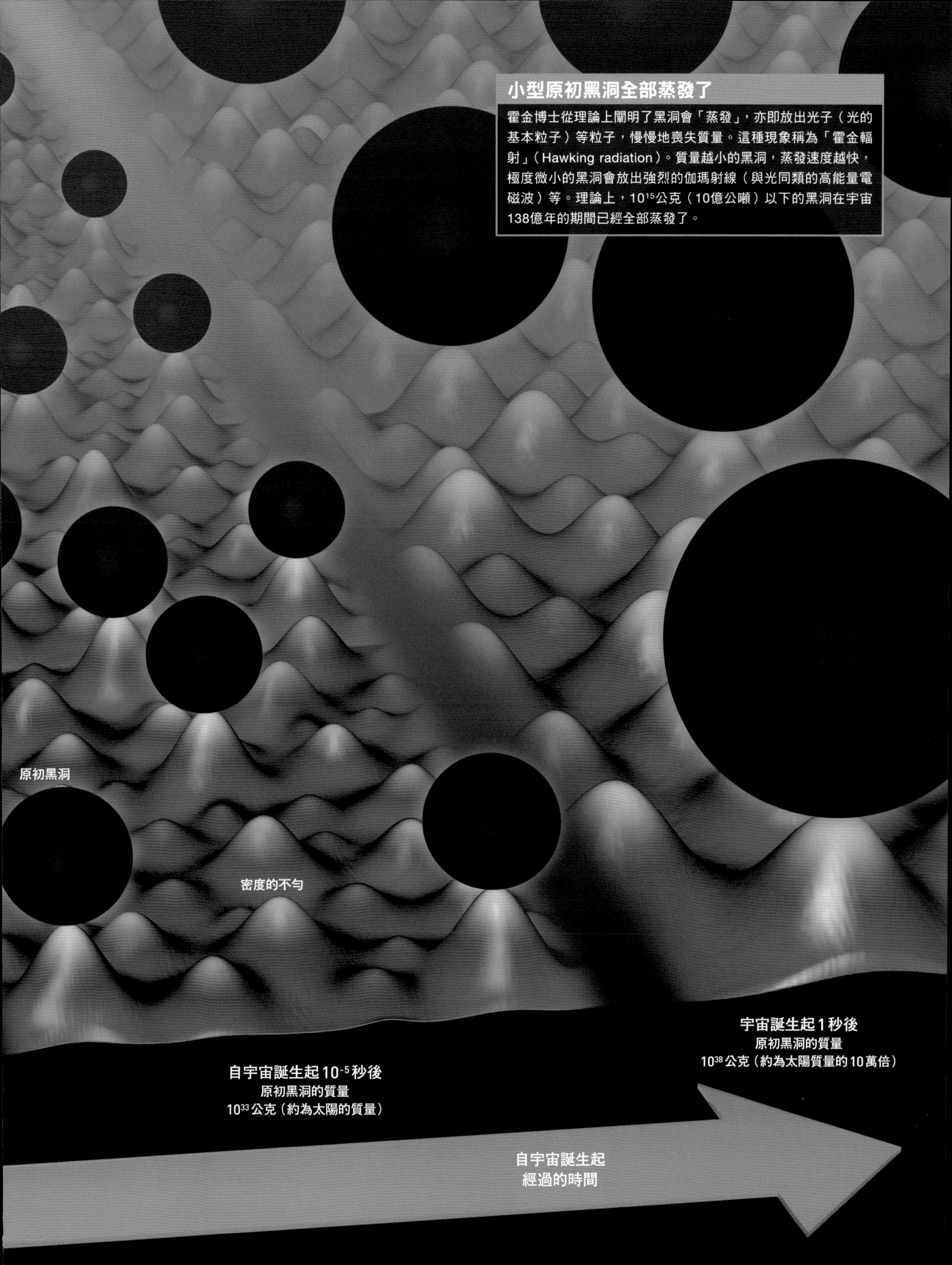

原初黑洞

密度的不勻

宇宙誕生起 1 秒後
原初黑洞的質量
10^{38}公克（約為太陽質量的 10 萬倍）

自宇宙誕生起 10^{-5} 秒後
原初黑洞的質量
10^{33}公克（約為太陽的質量）

自宇宙誕生起
經過的時間

理應大量存在的暗物質卻找不到蹤影！

原初黑洞極可能與現今宇宙的一個大謎題有關，那就是「暗物質」。

我們把「一切物質皆由原子組成」視為常識，理所當然地接受了。但根據現代天文學的主張，這個宇宙中可能充滿著「某種看不到的東西」，且其數量高達普通物質的 5 倍之多。這種看不到的東西即是「暗物質」。暗物質雖然無法以肉眼瞧見，但能對周圍產生引力。如今逐漸明白，散布在宇宙中的無數個星系及眾多恆星，也是受到暗物質引力的影響，才開始形成的。

暗物質的本體是未知的基本粒子？

現在全世界都在試圖探索暗物質的本體。而被視為暗物質本體的有力候選者，是尚未發現的基本粒子。這種基本粒子超脫於原子組成的普通物質之外，宛如幽靈一般，稱為「WIMP」（weakly interacting massive particles，大質量弱相互作用粒子）。具體來說，有「超對稱粒子」（supersymmetric particle）等多位候選者。

科學家們正在使用日本的「大質量粒子氙氣偵測Xenon-MASSive particles detection, XMASS」等暗物質偵測器，持續探索這種被視為暗物質候選者的基本粒子。歐洲的「大型強子對撞機LHC」等加速器的實驗裝置，也使粒子互相撞擊，試圖以人工方式製造出基本粒子。所以發現它應該只是時間的早晚問題而已吧！不過經過長時間的觀測和實驗，迄今仍無徵兆。

那還有其他東西可能成為暗物質嗎？這個候選者就是原初黑洞。

宇宙充滿著暗物質

宇宙中除了明亮的恆星，以及氣體、宇宙塵等「看得到」（能利用可見光等電磁波觀測到）的物質外，可能還有「看不到」（無法利用電磁波直接觀測到）的神祕「暗物質」存在。以紫色呈現的景物，就是包圍著星系的暗物質想像圖。

暗物質

星系

偵測暗物質

此為日本的暗物質偵測器「XMASS」偵測暗物質的場景。XMASS設置於日本岐阜縣神岡礦坑內地下1公里的地方。裝置內裝有約1公噸的液態氙，以便捕捉暗物質粒子撞擊氙的原子核時放出的光。XMASS自2010年起不斷地改良，持續進行觀測，於2019年3月結束了觀測任務。

氙的原子核

光

暗物質粒子

第一次偵測到的「引力波」是源自原初黑洞的碰撞所產生？

事實上，「原初黑洞會不會是暗物質的本體」這並不是什麼新穎的話題。早在1980年代，就已經把不會放出光的黑洞和稱為棕矮星的暗天體，列為暗物質本體的候選者，並且把這類天體稱為「MACHO」（MAssive Compact Halo Objects，大質量緻密暈體）。由於原初黑洞被視為暗物質的候選者之一，所以在1990年代進行了一系列天文觀測，試圖探索它的痕跡。

但是根據觀測所累積的資料，並沒有發現MACHO就是暗物質本體的證據。因此，原初黑洞不再被視為暗物質的主要候選者，人們逐漸對它失去了興趣。

發現了「超重」的黑洞

這種情況一直維持到2015年

黑洞彼此碰撞所產生的引力波

黑洞聯星一邊發出引力波一邊接近，最終撞在一起的想像圖。LIGO首度偵測到的引力波，源自兩個質量為太陽36倍和29倍的黑洞所互相碰撞而成。截至2019年10月為止，LIGO偵測到50例，其中39例可能源自質量為太陽20倍～80倍的黑洞互相碰撞所產生的引力波。

黑洞聯星

引力波

9月14日，才由於某個「事件」有了轉變。美國的引力波觀測裝置「雷射干涉引力波天文台」（Laser Interferometer Gravitational-Wave Observatory，LIGO）領先全球偵測到了黑洞彼此碰撞、合併所產生的「引力波」，即黑洞等超高密度天體發生碰撞時，空間扭曲的漣漪化為波的形式在宇宙中傳送。

根據引力波的分析，得知LIGO所偵測到的引力波來自兩個黑洞的碰撞，質量分別為太陽的36跟29倍。具有如此大質量的黑洞，可說是「超重」了。因為，以恆星發生超新星爆炸所產生的黑洞來說，它們的質量通常只有太陽的10倍左右（參照下方專欄）。

這時，原初黑洞又上場了。日本東京工業大學須山輝明副教授（當時屬於東京大學）等人的研究團隊，於2016年闡明LIGO有可能發現了原初黑洞。依據須山副教授等人提出的理論，在宇宙剛誕生時所形成的原初黑洞，質量為太陽的30倍，組成互相繞轉的「聯星系統」，直到現在仍然在碰撞及合併。

須山副教授說：「深深感受到自從發現引力波之後，原初黑洞的研究再度活躍了起來。」

「第一代恆星」孕育出重黑洞？

質量為太陽數十倍的「超重」黑洞，是如何形成的呢？關於這個問題，有人提出了起源於「第一代恆星」的說法。第一代恆星指的是在宇宙誕生的數億年後，最早出現的第一批大質量恆星。這些第一代恆星燃燒殆盡之後，極有可能形成質量大於太陽數十倍的黑洞。

除了第一代恆星之外，有些大質量恆星的元素成分，大部分都比氦還要輕，這類大質量恆星也有可能形成「超重」的黑洞。

隱藏的原初
黑洞有可能
就是暗物質

誠 如第78頁的解說，宇宙中存在著各種
不同質量的原初黑洞。除了引力波之
外，天文學家們也正在利用各種方法進行觀
測，以便檢證宇宙中究竟有多少原初黑洞。

例如，質量比較大的原初黑洞，能夠藉由
「微重力透鏡效應」（gravitational
microlensing effect）進行觀測調查。原初
黑洞的引力具有類似透鏡的作用，使得在其
背後的恆星顯現扭曲的影像，或看起來比較
明亮等等。此外，比較小型的原初黑洞，則
或許能夠在宇宙射來的伽瑪射線之中發現它
們的痕跡。希望藉由這些觀測，能調查出何
種質量的原初黑洞數量有多少。

不會太大，也不會太小的
原初黑洞

根據到目前為止的研究結果，我們已得知
10^{25}公克（約略等同月球的質量）以上的原
初黑洞，其數量似乎不足以供應全部暗物質
的量。相反地，10^{15}公克以下的小型原初黑
洞，到現在都已經蒸發掉了（請參見第79頁
專欄），並無法成為暗物質。

但是，10^{20}公克左右（月球質量的10萬分
之1的程度）的原初黑洞，仍存在成為暗物
質的可能性。

原田知廣教授表示：「這個大小的原初黑
洞，無論是藉由微重力透鏡或伽瑪射線，都
無法輕易發現。如果這種難以發現的原初黑
洞大量存在，就有可能是暗物質的本體。」

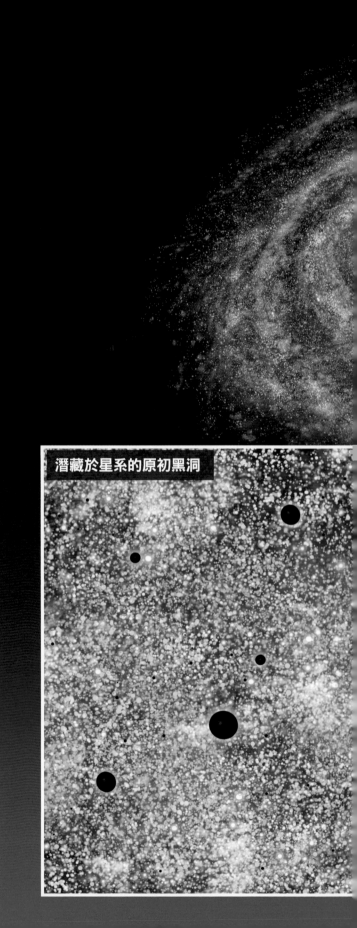

潛藏於星系的原初黑洞

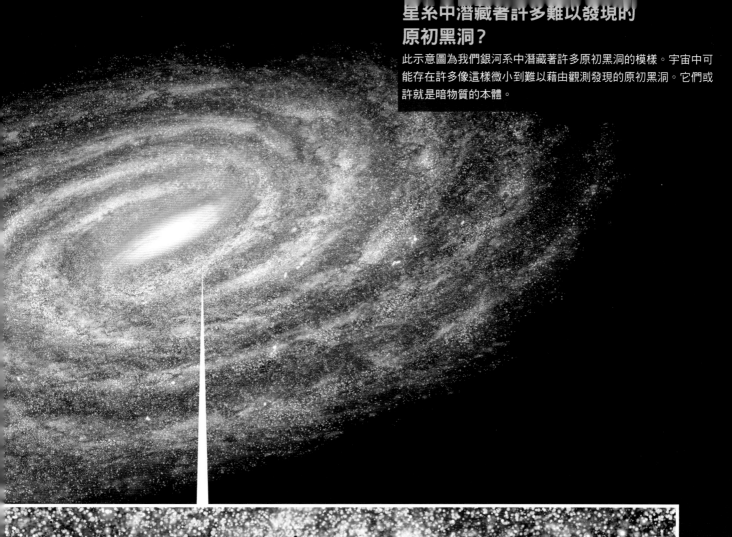

星系中潛藏著許多難以發現的原初黑洞？

此示意圖為我們銀河系中潛藏著許多原初黑洞的模樣。宇宙中可能存在許多像這樣微小到難以藉由觀測發現的原初黑洞。它們或許就是暗物質的本體。

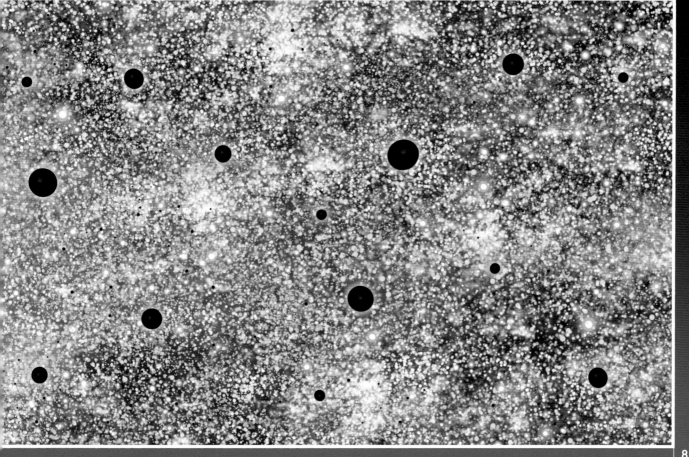

星系中心超大質量黑洞的謎題也能加以說明？

除了暗物質以外，原初黑洞也有可能闡明宇宙中的未解之謎。其一就是「超大質量黑洞」的誕生之謎。

超大質量黑洞的質量為太陽的100萬倍至數十億倍以上。目前已知，散布在宇宙各處的星系，絕大多數於中心部位都有這種超大質量黑洞存在。我們居住的銀河系中心，也有一個質量為太陽400萬倍的超大質量黑洞存在。

不過，這種超大質量黑洞究竟是如何形成的呢？目前還不太清楚。根據2021年1月的觀測結果，在宇宙誕生的6.7億年後，曾經有個質量為太陽16億倍左右的超大質量黑洞存在。從138億年的宇宙歷史來看，若要在這麼早的時期，以源自恆星的黑洞為種子，製造出這種超大質量的黑洞，在時間上似乎不太夠。

▌以原初黑洞為種子而形成？

關於超大質量黑洞的生成，有許多種說法，例如在宇宙初期由巨大氣體雲塌縮而成等等。不過，各種不同質量的原初黑洞，或許掌握著極其重要的鑰匙。

其中一種說法，就直指超大質量黑洞即為原初黑洞本身。不過這個說法似乎不太合乎現實。

原田教授補充道：「也有人提倡不同的說法，例如以質量為太陽10萬倍的較重原初黑洞為種子，大量吞進周圍的氣體和天體，逐漸成長為超大質量黑洞等等。」

巨大的原初黑洞成為種子？

絕大多數星系的中心都有一個質量超過太陽100萬倍的超大質量黑洞。超大質量黑洞又是如何誕生的呢？這是一個巨大的謎題。如果有質量為太陽10萬倍左右的原初黑洞存在，就有可能以這個原初黑洞為種子，大量吸取周圍的氣體，發展成為超大質量黑洞。

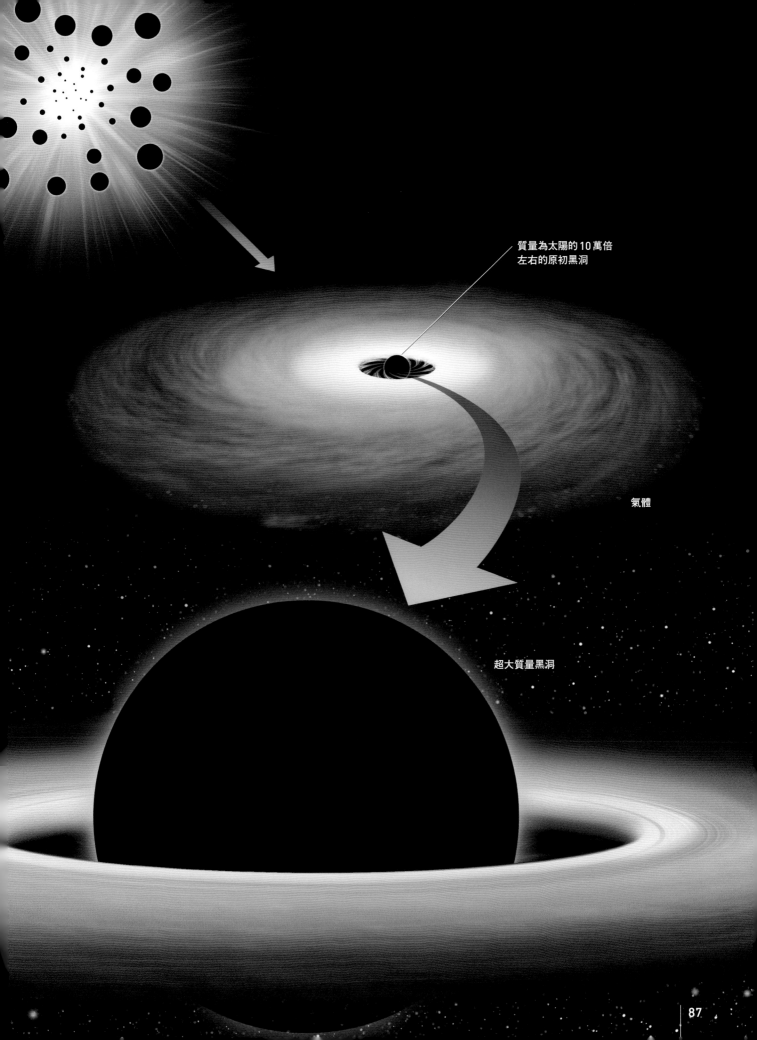

質量為太陽的 10 萬倍
左右的原初黑洞

氣體

超大質量黑洞

原初黑洞真的存在嗎？

利用引力波等觀測所發現的黑洞，到底是源自恆星的黑洞呢？還是因宇宙最初期的不勻所形成的原初黑洞呢？事實上，分辨這兩者的差別，在原初黑洞的研究上非常重要。

須山輝明副教授說：「科學家提出了好幾種辨別原初黑洞的方法。其中最實際的，就是找到質量比太陽還要小的黑洞。」

如第78頁所言，源自恆星的黑洞可能是由質量為太陽25倍以上的恆星所產生。依這種機制誕生的黑洞，質量都會比太陽更大。

而原初黑洞的質量則沒有這樣的限制，也可以有質量比太陽小的原初黑洞。因此，如果能發現質量比太陽小的黑洞，就幾乎可以確定它是一個原初黑洞了。

遙遠的黑洞即原初黑洞

也有別種方法能夠確認原初黑洞的存在。須山副教授說：「那就是，找到位處超級遠的黑洞。」這句話是什麼意思呢？

光（電磁波）也好，引力波也好，其速度都有極限，所以天體放出的光或引力波，要花上一段時間才能抵達地球。因此利用光或引力波來觀測宇宙時，越是遙遠的天體就會呈現出越古早的樣貌。

我們已經知道，在過去宇宙中誕生的恆星遠比現在多。因此，由恆星演變而成的黑洞應該也是越遠的地方，數量越多。但是，從宇宙誕生到經過數億年的這段最早（最遠）時期，源自恆星的黑洞發生合併的現象卻有可能相反地急遽減少。因為在這段時期，宇宙中才剛開始誕生恆星，恆星的數量不多，面臨死亡的恆星也很少，就不太能形成黑洞，因此合併的現象也很少。

但須山副教授認為：「如果我們能從剛誕生的遙遠宇宙中發現黑洞合併的現象，就可以說那非常有可能是原初黑洞。」因為原初黑洞應該是從宇宙剛誕生而還沒有恆星存在的時期起，就已經大量

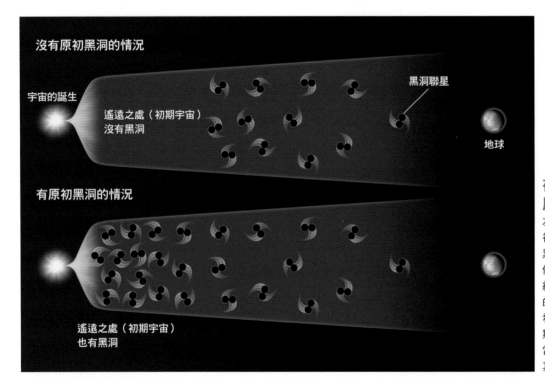

沒有原初黑洞的情況

宇宙的誕生

遙遠之處（初期宇宙）沒有黑洞

黑洞聯星

地球

有原初黑洞的情況

遙遠之處（初期宇宙）也有黑洞

在宇宙的初期發生的原初黑洞合併

左邊是宇宙的最初期，沒有誕生原初黑洞的情況（上）和有誕生原初黑洞的情況（下）的差異想像圖。假設原初黑洞從宇宙剛誕生時就已經存在，那利用引力波等調查遠方的宇宙（初期的宇宙）時，理應會發現許多合併現象。如果未能在初期的宇宙發現黑洞的碰撞現象，則當時原初黑洞誕生的可能性便微乎其微。

存在了。

利用新世代引力波觀測來偵測原初黑洞

為了驗證這樣的說法，現在正致力於觀測引力波。例如，美國的引力波觀測裝置LIGO和歐洲的引力波觀測裝置「VIRGO」（Virgo Interferometer，室女座干涉儀）都已經開始著手偵測是否有質量為太陽0.2倍及0.1倍的黑洞存在。

此外，日本也在推行引力波觀測計畫，其中之一是在岐阜縣飛驒市神岡礦坑的地底下建造的引力波望遠鏡「KAGRA」（神岡引力波探測器）。KAGRA已經從2020年2月25日起正式開始進行觀察。

此外，日本也計畫把引力波望遠鏡「DECIGO」（分赫茲干涉引力波天文台）放上太空，這是由3架配備了雷射發射器、反射雷射光的鏡面、光偵測器的人造衛星所組成。把這3架人造衛星放到太空中，各自相距100公里，配置成三角形。接著偵測衛星間的些微距離變化，藉此檢測出引力波。

DECIGO的感度非常高，具有直接觀測宇宙誕生最初期的能力。而且在這之前，日本打算先發射規模較小的「B-DECIGO」，以便實際驗證DECIGO所需的必要技術。B-DECIGO預定於2020年代發射，DECIGO則預定於2030年代發射。

如果能藉由這些新世代的觀測，偵測到連恆星都還沒

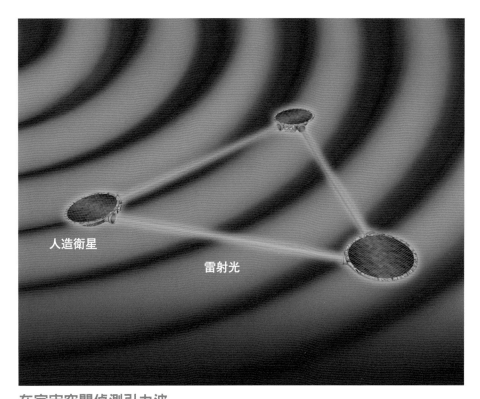

在宇宙空間偵測引力波
放在太空中的引力波望遠鏡，由3架人造衛星配置成三角形而成。使用雷射光偵測衛星間的距離變化，藉此檢測出引力波。

有誕生的初期宇宙所傳來的引力波，或許就能直接找到原初黑洞。

期待闡明原初黑洞的謎題

誠如第84頁所說明的，根據目前為止的觀測結果，10^{20}公克左右的原初黑洞有可能是暗物質的本體。須山教授說：「如果真是如此，那麼這個宇宙中可能充滿著因許多原初黑洞碰撞而產生的高頻率引力波，但依現在的技術仍無法偵測到。」

這種引力波充滿在宇宙中，或許會對由眾多星系聚集組成網狀構造的「大尺度結構」（Large-scale structure）產生影響。如果能發現這樣的痕跡，或許便能檢驗原初黑洞和暗物質的關係。

此外，原初黑洞在理論上還留有許多未解之謎。原田教授說：「例如有些原初黑洞可能會自轉。如果能從理論上了解，什麼時期誕生的原初黑洞會做什麼樣的自轉，也可以幫助我們驗證各項觀測作業所取得的資料。」

「原初黑洞」可說是一種既古老又新穎的神祕天體。從它的存在來探究暗物質本體的研究，現在才正要大力展開。　　　　　　🪐

首次成功直接拍攝到黑洞！

使用口徑 1 萬公里且「視力」300 萬的虛擬無線電波望遠鏡拍攝到「黑暗洞穴」的面貌

全球13個國家共同參與的「事件視界望遠鏡」（EHT）計畫，拍攝到橢圓星系M87（室女A星系）中心的超大質量黑洞，這是史上頭一遭直接拍攝到星系中心超大質量黑洞的面貌。這項成果使我們得以證明愛因斯坦「廣義相對論」的正確性，朝闡明宇宙的基本原理邁進了一大步。

協助　**本間希樹**
日本國立天文台水澤VLBI觀測所所長、教授

川島朋尚
日本國立天文台天文模擬計畫特任助教

日本東京當地時間2019年4月10日22時07分（台北時間21時07分），布魯塞爾、聖地牙哥、上海、台北、東京和華盛頓這6個地點，同步召開記者會公布了一張圖像。圖像中的明亮光環中心有一個暗影。這個暗影就是人類首次目睹的黑洞「影子」，稱為「黑洞影」。

日本國立天文台、台灣中央研究院天文研究所等全球13個地方的研究機構和200名以上的研究人員，共同參與的國際觀測計畫「事件視界望遠鏡」，成功拍攝到了距離地球約5500萬光年的星系「M87」中心的超大質量黑洞的面貌。

連光也無法逃脫的「黑暗洞穴」

黑洞是把物體壓縮到非常小的體積內而形成的極高密度天體。由於它的重力作用非常強大，所以在這個天體的近距離處，有「事件視界」的存在。當物體靠近到這個距離時，會被黑洞的重力困住而無法再度脫離。即使宇宙中速度最快的光，一旦進入這個事件視界的距離內，也絕對無法逃脫。

連光也無法逃脫，這代表在事件視界內側區域發生的事情，身處外頭的我們完全無從得知。因為即使裡面發生了什麼事，由於光無法從那裡發射出來抵達到地球上，我們根本看不到。因此，我們能夠認識的事物（事件）「盡頭」，就是這個界限距離的所在位置，於是便稱為「事件視界」，並且把這個事件視界框圍起來的區域，視為黑洞的大小。如果從距離事件視界比較遠的地

史上第一次拍攝到的黑洞
光環內側的暗圓，就是史上第一次觀測到的黑洞陰影。環上下兩側的亮度不同，可能顯示黑洞及其周圍的氣體在旋轉。

方眺望黑洞，看起來就像是一個飄浮在宇宙中的「黑暗洞穴」。

我們之所以知道這個奇妙天體的存在，緣自於20世紀初期愛因斯坦（Albert Einstein，1879～1955）在「廣義相對論」中，把我們居住的時間和空間（時空）與引力的關係化為理論。1916年，德國天文學家史瓦西（Karl Schwarzschild，1873～1916）根據廣義相對論率先推導出，把物體壓縮到極度狹小的區域內，它的周圍便會形成一個連光也無法逃脫的區域。現在，天文學界把沒有在旋轉的黑洞事件視界半徑，命名為「史瓦西半徑」（Schwarzschild radius）。

只有間接證據的 100年之間

目前為止已經發現了不少黑洞的有力候選者，其中有兩種型態最廣為人知。一種是質量為太陽數倍至10倍左右的「恆星質量黑洞」。代表性的例子有1960年代發現的「天鵝座 X-1」等天體（右上方插圖）。恆星質量黑洞可能是大質量恆星在其終點發生「超新星爆炸」之際，由於本身恆星中心核的重力塌縮而形成。

另一種是存在於星系中心的「超大質量黑洞」，它的質量高達太陽的數百萬倍至數十億倍。包括我們居住的銀河系在內，幾乎所有的星系中心都有一個超大質量黑洞的存在。不過，我們並不清

恆星質量黑洞「天鵝座 X-1」
天鵝座 X-1 的想像圖。這是由兩個天體互相繞轉而組成的「聯星」（binary star），黑洞（左側）正在吸入伴星的氣體。

楚它的形成機制。

而最近藉由觀測天體放出的X射線或引力波（具有質量的物體在運動時，使周遭的時空扭曲，以波的形式在宇宙中傳送的現象），發現了質量介於這兩者之間的黑洞。

但在這之前，藉由光（電磁波）所觀測到的，都只是黑洞的有力候選者而已。黑洞候選天體旁邊的恆星或氣體，在運動時會受到黑洞候選天體的引力影響。因此觀測它們的運動，便可據以推測候選天體的質量和大小。如果有極大的質量塞在一個極小的區域內，卻又無法以其他天體來加以說明，就應該可以推定那是個黑洞。

到目前為止所發現的黑洞候選天體，都是用這種方法去間接推定它可能是個黑洞。而藉由檢測引力波而發現的黑洞候選者，是依據引力波的波形去精密地求算質量，所以幾乎可確實判定它

就是個黑洞。但無論如何，從約100年前依據理論預言了黑洞的存在以來，人類直接看到「黑暗洞穴」的例子，根本一個也沒有。

微小到看不見 它的存在！

以前無法直接看到黑洞的最大原因，在於黑洞的目視範圍非常小。一般而言，事件視界的半徑與質量成正比，越重的黑洞越大。例如天鵝座 X-1（質量為太陽的21倍左右）的事件視界半徑為45公里左右。天鵝座 X-1 距離地球大約7200光年，從地球上看去，其目視半徑只有0.00016微角秒（1微角秒為1度的36億分之1的角度）。目前發現的恆星質量黑洞全都位在3000光年以外，目視大小跟它差不多。

此外，位於星系中心的超大質黑洞中，從地球上看去最大的是銀河系中心的「人

馬座Ａ」[1]。質量為太陽的400萬倍左右，事件視界的半徑約為1000萬公里（約太陽與水星平均距離的5分之1）。人馬座A*距離地球大約2萬7000光年，目視半徑大約10微角秒。

相對地，例如座落於夏威夷的「昴星望遠鏡」解析度（能夠辨識物體的極限大小）只不過大約0.02角秒（＝20000微角秒）而已。如果想要看到黑洞，「視力」還差了一大截。

利用無線電波 看到了「影子」

而這次ＥＨＴ就是運用了「干涉儀」這項技術，才得以成功拍攝到黑洞。這項技術是使用多架彼此距離非常遙遠的望遠鏡，同時觀測天體傳來的光（電磁波）。藉由觀測了波長1.3毫米的毫米波（無線電波的一種），把各架望遠鏡觀測到的無線電波疊合，再用數學進行處理。採用這項技術，形同建造了一架巨大的無線電波望遠鏡，多架望遠鏡的位置間隔之中最大的距離[2]即為口徑，因而能夠獲得極高的解析度。其中，使用相距數百公里～數千公里的無線電波望遠鏡所組成的大規模無線電波干涉儀，特別稱之為「特長基線電波干涉儀」（VLBI）。

ＥＨＴ的成員以南美洲智利的「阿塔卡瑪大型毫米波陣列望遠鏡」（ALMA）為首，包括夏威夷、歐洲、北美洲、南極等地共8架無線電波望遠鏡（其中3座是由台灣中研院支援運轉或合作建造），組成了實際效果相當於口徑1萬公里（地球直徑約1萬3000公里）的地球規模VLBI（左下方插圖）。這個虛擬無線電波望遠鏡的「視力」，足以從地球上辨識出放在月球上的一顆高爾夫球。

ＥＨＴ從2017年4月5日到4月11日，進行了5個晚上的觀測，總計獲得了3500TB（terabyte，兆位元組）龐大數量的觀測資料，然後使用VLBI的專用超級電腦進行長達數個月的處理。

可是依照這個方法取得的資料，僅是一堆數字的排列而已，必須把這些資料轉換成天體的圖像，這項作業也是困難重重。組成ＥＨＴ的望遠鏡，畢竟只是設置在地球上的幾個「點」而已，所獲得的資料稀稀落落地殘缺不全。因此必須把這些資料進行數學處理，恢復成完整的圖像。

一般來說，像這樣從不完整的資料復原圖像時，最後得到的圖像不會只有一種。

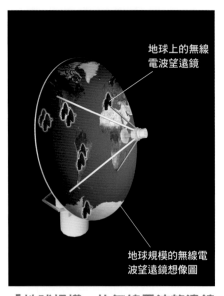

「地球規模」的無線電波望遠鏡

把全球8個地方的無線電波望遠鏡組合起來，使其具有相當於拋物面天線直徑長達1萬公里的無線電波望遠鏡的性能。

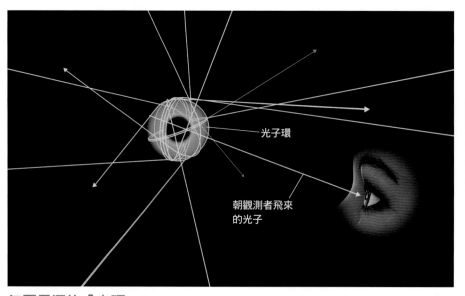

包圍黑洞的「光環」

由於黑洞的強大引力，使鄰近氣體放出的光行進路徑大幅彎曲，在黑洞的周圍打轉。但這個光的軌道並不穩定，有時引力場會由於鄰近氣體的不勻等因素而產生微妙的變化，讓光脫離軌道飛了出來。這次觀測到的，主要是這個光。

※1：EHT也對人馬座A*進行了觀測。觀測結果正在分析中。
※2：實際收集到的無線電波量，頂多是各架望遠鏡的總和，所以必須觀測十分明亮的天體。

因此必須依據黑洞圖像理應具備的特微，從眾多可能性當中逐步篩選出正確的最終圖像。EHT的圖像合成作業由4個團隊（包括台灣）負責，在互相保密的狀況下獨立進行圖像分析作業，所採用的分析方法和軟體也不只一種。結果，4個團隊利用各自不同的方法所得出的圖像，全部都一樣。因此可以做出結論：這次確實成功拍到了黑洞陰影的形貌。

穿著光環外衣 的黑洞

這次圖像所顯現的亮環，是因為黑洞的引力把光行經其周圍的路徑大幅彎曲，變成了環繞黑洞的環狀。科學家把在事件視界稍靠外側看到的光環，稱之為「光子環」（photon ring）（左頁右下方插圖）。光子環的光原本就是從黑洞周圍的高溫氣體（電漿）發出來的。由這一次的觀測也得知，這一些氣體的溫度最高可達到60億℃以上。

根據廣義相對論求算光子環的半徑，約為史瓦西半徑的2.5倍，所以只要觀測光子環的大小，即可得知史瓦西半徑的大小，再依此推算黑洞的質量。這次觀測的超大質量黑洞M87，光子環的直徑為1000億公里左右，依此估算出它的質量為太陽的65億倍左右。

M87被選中的理由

這次觀測的M87，是位於「室女座星系團」中心附近的巨大星系。它的特徵是從星系中心噴出了長達約5000光年的高速氣體流（噴流）（右圖），並釋放出強烈的無線電波和X射線。

呈現出如此活躍活動的星系稱為「活躍星系」，活動的來源可能是位於其中心的超大質量黑洞。M87離地球比較近，中心的黑洞也很大，是比較容易觀測到黑洞影的星系之一，所以被選為EHT的觀測對象。

沒有拍攝到 吸積盤及噴流

對研究團隊來說，這次觀測也有出乎意料之外的地方。根據現在廣為人們所接受的模型，黑洞的周圍理應有一個被稱之為「吸積盤」（accretion disk，沉積圓盤）的氣體圓盤存在。而且在M87所看到的噴流，應該也是源自星系中心的黑洞。既然EHT能拍攝到M87的黑洞，那應該也能拍攝到其周圍的吸積盤和噴流等等。可是，在這次的圖像中並沒有看到這些構造。

關於這一點，研究團隊認為可能與這次參與觀測的望遠鏡的配置狀況有關，導致未能拍攝到吸積盤和噴流這些構造。未來，若能增加組成干涉儀的望遠鏡數量，或許就能拍攝到這些擴散開來的構造。

而事件視界這個引力極端強大的地方，是否也能適用廣義相對論呢？這次觀測也是進行驗證的大好機會。研究團隊表示，這次觀測結果

星系M87的中心部分
本圖所示為利用可見光拍攝到的M87中心附近。星系的中心在左上方，那裡有個超大質量黑洞存在。一道噴流從該處往右下方延伸。

和廣義相對論所預測的內容，只有10％左右的偏差。而這個10％還是觀測精度的問題，若能進行精度更高的觀測，偏差可能會更小。

率領日本團隊參與EHT的日本國立天文台水澤VLBI觀測所的本間希樹教授說：「這次成果直接顯示了黑洞是個連光也無法逃脫的天體，真是一項『百聞不如一見』的成果。黑洞的存在有如一幅拼圖，人類花了100年的歲月企求完成它，而最後一片就藏在這裡。」

黑洞觀測可說是「終極之黑暗」，我們期待它會為未來的物理學及天文學的發展，帶來一線新的曙光。　　✦
（執筆：中野太郎）

星系的碰撞與演化

宇宙中有眾多的星系存在，其中不乏大小及形狀與銀河系迥然不同的星系。我們已經逐漸闡明了許多關於星系誕生和演化的謎題，其中尤以未來幾乎確定銀河系與仙女座星系會發生「碰撞」，更是受到眾人關注。

在本章將依據最新的研究成果，逐一介紹星系的過去、現在與未來。

協助　森 正夫／嶋作一大／柏川伸成

**銀河系與
仙女座星系
的碰撞
①**

我們的銀河系和仙女座星系
正在靠近中！

太陽系所處的銀河系，是擁有1000億～數千億顆恆星的圓盤狀星系，直徑大約10萬光年（下方插圖）。1光年是指光（秒速約30萬公里）行進一年所走的距離，大約9兆4600億公里。

我們的銀河系正與其他星系逐漸靠近中，將來甚至會發生碰撞。**這個碰撞的對象，就是距離銀河系大約250萬光年的「仙女座星系」。**

仙女座星系是一個巨大的螺旋星系，所擁有的恆星數量為銀河系的2倍（右邊插圖）。詳細觀測這個仙女座星系之後，發現它竟以相當猛烈的速度向我們的銀河系逼近中。

40億年內會發生碰撞嗎？

使用NASA的哈伯太空望遠鏡進行觀測的結果，得知仙女座星系和銀河系**正以每秒大約109公里的速度逐漸靠近中**（詳細的觀測結果將在第100～101頁說明），計算出大約一年會靠近約34億公里（約0.00036光年）。

距離越近，彼此間的引力作用越強大，將導致雙方靠近的速度越快。照這個樣子繼續靠近下去，**大約37～38億年後，兩個星系就會撞在一起吧！**

一旦發生碰撞，兩個星系會變成什麼模樣呢？請翻到第98～99頁的插圖，看看銀河系的命運吧！

銀河系
直　　徑：約10萬光年
恆星個數：約1000億～數千億顆
質　　量：大約太陽的1兆倍※
形　　狀：棒旋星系

太陽的位置

銀河系

※：星系的質量中，除了恆星及星際氣體之外，也包含暗物質的質量。關於暗物質，請參照第106頁之後的說明。

相距 250 萬光年「鄰近處」的星系

本圖所示為銀河系（左下方）和仙女座星系（右下方）。我們處於銀河系的內部，無法從外面觀看整個銀河系，但能依據在內側觀測的結果，推測整體的大概形貌。此外，星系中的恆星數量及重量（質量）不容易正確求算，所以兩個星系的正確數值都無法得知。不過，推估仙女座星系的恆星個數和質量都是銀河系的 2 倍左右。

　　仙女座星系並非最靠近銀河系的星系，在這兩個星系的周圍還有幾個矮星系存在。銀河系和仙女座星系連同周遭大約50個大大小小的星系共同組成一個星系集團，稱為「本星系群」。在本星系群中，最大的星系是仙女座星系，第二大的星系即為銀河系。

仙女座星系（別名：M31）
直　　徑：約15～22萬光年
恆星個數：銀河系的 2 倍左右（數千億顆）
質　　量：銀河系的 2 倍左右
形　　狀：螺旋星系

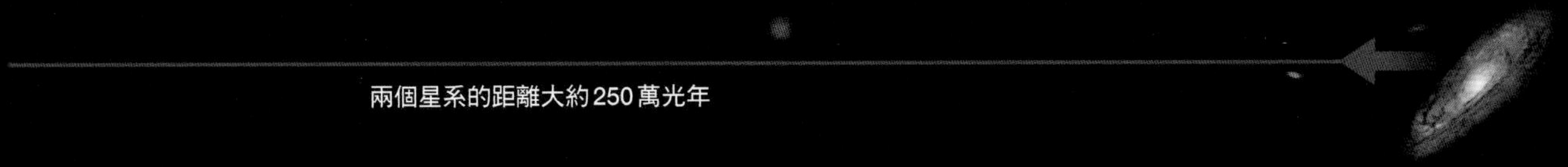

仙女座星系

兩個星系的距離大約250萬光年

碰撞，然後兩個星系
合併成一個

NASA的研究團隊表示，**銀河系和仙女座星系的碰撞，將會是徹底改變兩個星系形貌的劇烈事件。** 在這裡所呈現的想像場景，是從現在到大約60億年後的碰撞過程。

先錯身穿過，然後再度拉回

雖然兩個星系撞在一起，但裡面的恆星卻會互相「錯身穿過」（2～3）。星系是恆星的集團，然而恆星之間的距離非常遙遠，所以即使發生碰撞，但恆星與恆星卻不太容易相撞（詳見第104～105頁）。不過，在彼此錯身而過之際，會因受到對方星系引力的影響，導致各顆恆星的運動產生變化，使星系的構造產生大混亂。

即使在互相穿過而拉開距離之後，仍然會受到彼此引力的吸引，再度拉回靠近（4～5）。 就這樣反覆地碰撞，最後兩個星系合併成為一個。

兩個星系的形狀原本都是螺旋形，在碰撞的途中會大幅變形。大約60億年後，**兩個星系最終可能會合併成為一個巨大的「橢圓星系」（7）。**

約47億年後

4. 開始再度接近
一度互相遠離的兩個星系，一邊逐漸恢復已經變形的螺旋形，一邊藉由彼此的引力互相吸引，開始再度接近。

仙女座星系

仙女座星系

仙女座星系

銀河系

現在

1. 兩個星系逐漸接近
銀河系和仙女座星系受到彼此引力的吸引，逐漸靠近。

銀河系

仙女座星系

銀河系

約39億年後

2. 中心部分的碰撞
大約37億年後，星系的邊緣開始接觸。再過約 2 億年，中心部分開始碰撞。最靠近的時候，速度將達秒速600公里。基本上，雙方的恆星與恆星不會實際相撞，而是穿過對方的星系。
星系碰撞時，兩個星系裡的恆星原料（星際氣體）會被壓縮，孕育出許多新的恆星（參照第104～105頁）。

約40億年後

3. 錯身穿過而互相遠離
兩個星系碰撞後，逐漸接近的形勢變成逐漸遠離。彼此受到對方引力的影響，形狀大幅扭曲。碰撞時誕生的新恆星隨著各個星系一起移動。

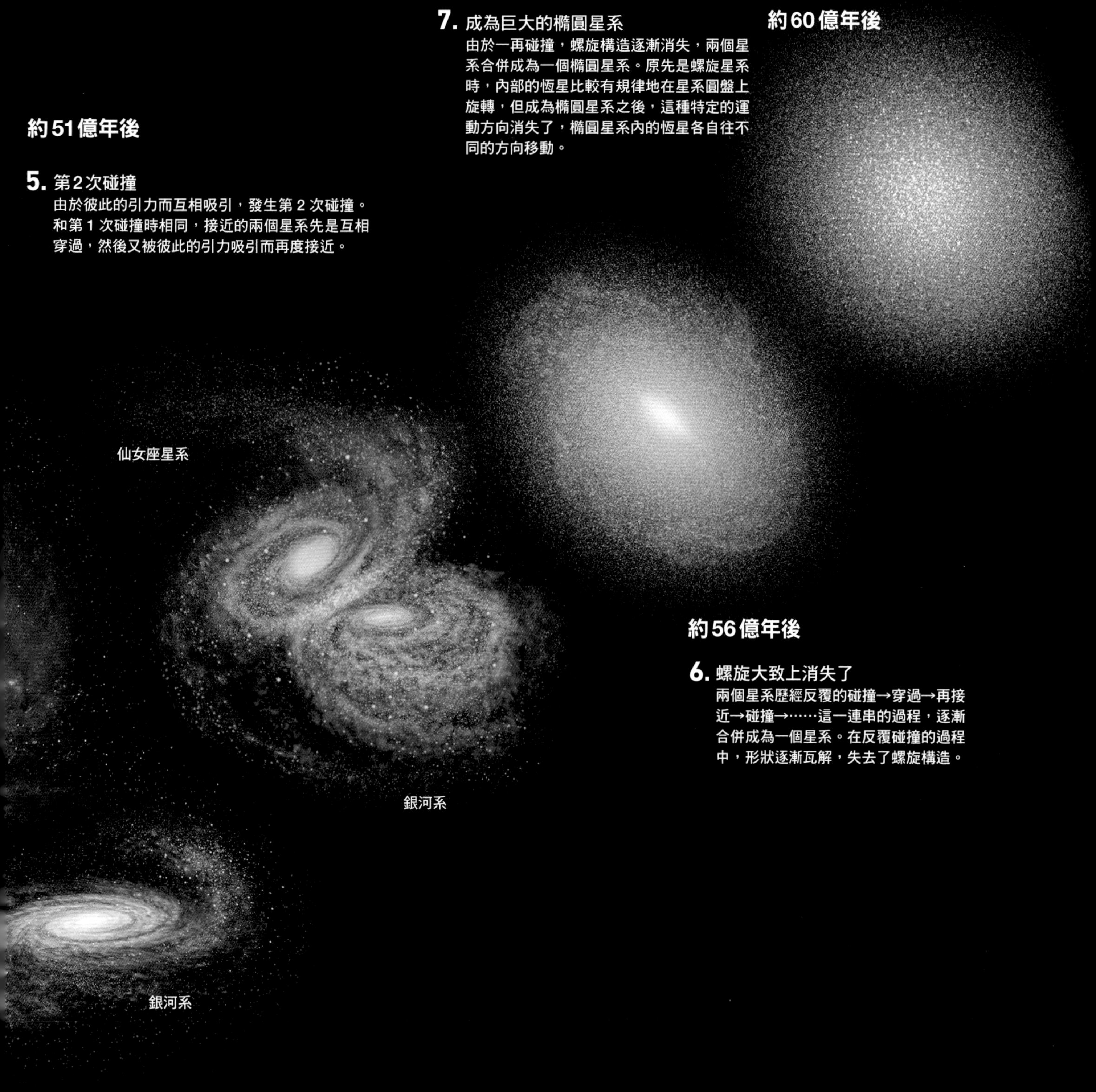

約60億年後

7. 成為巨大的橢圓星系

由於一再碰撞，螺旋構造逐漸消失，兩個星系合併成為一個橢圓星系。原先是螺旋星系時，內部的恆星比較有規律地在星系圓盤上旋轉，但成為橢圓星系之後，這種特定的運動方向消失了，橢圓星系內的恆星各自往不同的方向移動。

約51億年後

5. 第2次碰撞

由於彼此的引力而互相吸引，發生第2次碰撞。和第1次碰撞時相同，接近的兩個星系先是互相穿過，然後又被彼此的引力吸引而再度接近。

仙女座星系

銀河系

約56億年後

6. 螺旋大致上消失了

兩個星系歷經反覆的碰撞→穿過→再接近→碰撞→……這一連串的過程，逐漸合併成為一個星系。在反覆碰撞的過程中，形狀逐漸瓦解，失去了螺旋構造。

銀河系

恆星大集團展演激烈碰撞的大戲

本圖所示為銀河系和仙女座星系碰撞、合併的過程。插圖及各種數值係參考NASA於2012年發布的新聞資料及相關論文。各個場面的比例尺並不相同，3～4的場面畫得特別大。

像銀河系和仙女座星系這樣大小規模差不多的螺旋星系合併之後，兩個星系原本擁有的螺旋構造會消失。且由於反覆不斷地互相穿越又碰撞，使得恆星開始做起不規則的運動，合併後的星系可能會成為一個沒有螺旋構造的橢圓星系。如果是小規模的螺旋星系撞上巨大的螺旋星系，則大星系原有的旋轉態勢幾乎不會減弱（螺旋構造不會瓦解），小星系則會被吸收。

【參考】NASA的新聞稿：NASA'S HUBBLE SHOWS MILKY WAY IS DESTINED FOR HEAD-ON COLLISION WITH ANDROMEDA GALAXY

碰撞的根據

幾乎確定會發生碰撞。
其根據是什麼？

關於銀河系和仙女座星系未來可能發生碰撞一事，自1970年代就有許多天文學家指出。不過，那畢竟只是一個可能性而已，並沒有確實證據。

鑽研星系形成理論的日本筑波大學森正夫副教授說：「2012年，以NASA為首的研究團隊首次以高精度揭曉了仙女座星系的運動。依據這項成果，未來它與銀河系的碰撞幾乎確定會發生。」

這個以NASA為首的研究團隊，在2002～2010年期間，使用哈伯太空望遠鏡詳細觀測仙女座星系，結果證實了仙女座星系正在朝著銀河系筆直衝過來。

得知它正在逐漸接近

仙女座星系和銀河系正在逐漸接近，是早就知道的事實。只要調查星系在我們觀測者和觀測對象（仙女座星系）的連線方向上（亦即我們的視線方向上）的運動狀態，即可明瞭它是否正在接近銀河系。而利用星系放出的光所發生的「都卜勒效應」，即可用較為簡單的方法求得星系在視線方向上運動狀態的高精度資料。

都卜勒效應是指運動物體放出時的光或音，會和觀測到的波長不一樣（下圖）。行駛中的救護車發出的警笛聲，在接近我們時聽起來比較高亢，遠離時會聽起來比較低沉，就是都卜勒效應造成的結果。

光（可見光）依波長由短至長分別呈現紫、靛、藍、綠、黃、橙、紅等不同顏色（左下插圖）。如果星系正在遠離我們而去，由於都卜勒效應，波長會拉長。原本是黃色的光，觀測時會變成紅光。這稱為「紅移」（red shift）。相反地，如果星系正在接近我們，則原本該為黃色的光，觀測時會變成藍光，這稱為「藍移」（blue shift）。

但是，如果不知道星系「原本放出的光顏色是什麼」，則

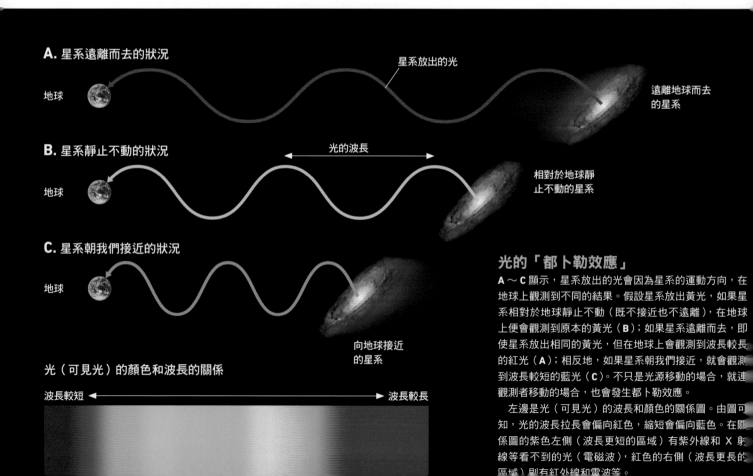

A. 星系遠離而去的狀況

地球

星系放出的光

遠離地球而去的星系

B. 星系靜止不動的狀況

地球

光的波長

相對於地球靜止不動的星系

C. 星系朝我們接近的狀況

地球

向地球接近的星系

光（可見光）的顏色和波長的關係

波長較短 ← → 波長較長

光的「都卜勒效應」

A～C顯示，星系放出的光會因為星系的運動方向，在地球上觀測到不同的結果。假設星系放出黃光，如果星系相對於地球靜止不動（既不接近也不遠離），在地球上便會觀測到原本的黃光（B）；如果星系遠離而去，即使星系放出相同的黃光，但在地球上會觀測到波長較長的紅光（A）；相反地，如果星系朝我們接近，就會觀測到波長較短的藍光（C）。不只是光源移動的場合，就連觀測者移動的場合，也會發生都卜勒效應。

左邊是光（可見光）的波長和顏色的關係圖。由圖可知，光的波長拉長會偏向紅色，縮短會偏向藍色。在關係圖的紫色左側（波長更短的區域）有紫外線和 X 射線等看不到的光（電磁波），紅色的右側（波長更長的區域）則有紅外線和電波等。

觀測者無從判斷是否已經有變色。因此，必須利用原子或分子放出或吸收的固有的光（光譜線），來當做這個「原本的顏色」。例如，分析氫原子放出的光，可知其成分含有特別強的紅、藍或紫等特定波長（顏色）。氫是極為普遍的元素，星系傳來的光當中，基本上都含有氫原子放出的光。而氫原子本身光譜線的波長，在宇宙的每個角落都一樣。因此，只要調查星系傳來的光裡面，所含的氫原子光譜線究竟是向紅或藍的哪一側偏移，即可得知都卜勒效應的影響。

分析仙女座星系傳來的光譜線，可得知都卜勒效應使它偏向藍色，也就是說，它正在朝我們接近之中。 NASA表示，仙女座星系朝我們接近的速度是秒速大約109.3公里（視線方向的速度），誤差為秒速±4.4公里。

藉由長達 7 年的觀測分析出移動速度

若要判斷仙女座星系會不會和銀河系相撞，也必須知道橫向的運動狀態。 因為如果仙女座星系在橫向（與視線方向垂直的方向）的移動很大，就或許不會撞上銀河系，只會從銀河系的旁邊經過。

而比起視線方向上接近或遠離的運動，想要觀測橫向的運動卻格外困難，為什麼呢？因為仙女座星系距離我們250萬光年，太過遙遠，即使它有做橫向的運動，從地球上也幾乎看不出來。

以NASA為首的研究團隊，使用哈伯太空望遠鏡，花了

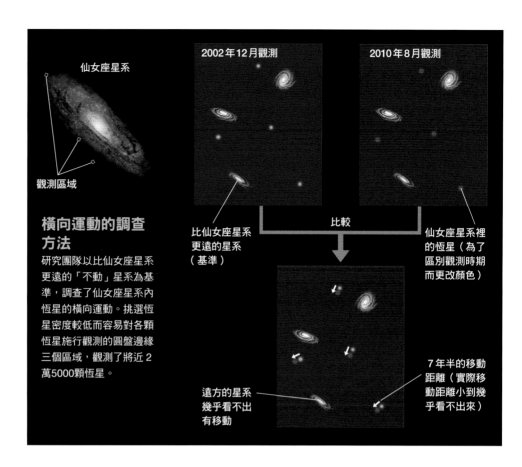

橫向運動的調查方法
研究團隊以比仙女座星系更遠的「不動」星系為基準，調查了仙女座星系內恆星的橫向運動。挑選恆星密度較低而容易對各顆恆星施行觀測的圓盤邊緣三個區域，觀測了將近2萬5000顆恆星。

2002年12月觀測

2010年8月觀測

比較

比仙女座星系更遠的星系（基準）

仙女座星系裡的恆星（為了區別觀測時期而更改顏色）

遠方的星系幾乎看不出有移動

7年半的移動距離（實際移動距離小到幾乎看不出來）

仙女座星系

觀測區域

5～7年半的時間，**調查仙女座星系裡面眾多恆星的運動狀態。將比仙女座星系更遠的星系做為基準，偵測仙女座星系裡面恆星的細微運動**（上圖）。

這項研究總共調查了仙女座星系裡將近2萬5000顆恆星，但各顆恆星的運動極為細微，幾乎看不出它是否在移動。使用電腦進行圖像處理和資料分析之後，總算偵測出還不到圖像1個畫素（pixel）的細微移動。NASA研究團隊利用這個方法，大量收集了眾多恆星在5～7年半期間內的移動距離資料。進行統計處理之後，分析出整個仙女座星系的橫向運動速度。

根據這項結果，**得知仙女座星系的橫向運動速度是秒速17.0公里**，只有視線方向速度（秒速109.3公里）的16%左右而已。NASA研究團隊表

示，把仙女座星系和銀河系之間的引力作用和目前的距離等因素納入考量之後，得到的結論是：兩個星系撞在一起的可能性非常高。

不過，由於橫向運動的偵測非常困難，比起視線方向的運動速度，它的誤差比較大。如果考慮到在統計處理大量恆星資料時的誤差，則橫向運動速度也有可能達到秒速30公里左右。雖然仙女座星系撞上銀河系的可能性很大，但會不會是正面衝突（碰撞的角度），目前還不清楚。

現在的宇宙有1%的星系正在發生碰撞中！

本頁的圖像都是碰撞中的星系。擁有美麗螺旋的「螺旋星系」、呈現橢圓形狀的「橢圓星系」、形狀雜亂無章的「不規則星系」等各式各樣的星系互相接近，發生碰撞。在這個宇宙中，星系的碰撞絕對不是稀罕的現象。

在地球上觀測到的星系當中，距離地球越遠的星系，彼此碰撞的比例越高。而距離越遠的星系所放出的光要花越長的時間才能抵達地球，這代表觀看越遠處的星系，會看到其越古老的形貌。也就是說，**星系碰撞的事件，過去比現在更頻繁。**

鑽研星系演化歷史的日本東京大學嶋作一大副教授說：「古時候，小型星系之間可能會頻繁地反覆碰撞與合併。**星系會藉由反覆地碰撞與合併，逐漸演化成為巨大的星系。」**

根據觀測結果來計算星系碰撞的頻率，可知在約100億年前，實際上有將近10%的星系正處於碰撞的階段。後來隨著星系不斷合併，碰撞的頻率便降低了，現在只有1%左右。順帶一提，據推測宇宙是在大約138億年前誕生，直到約130億年前才開始形成初期的星系。

了解過去的碰撞歷史十分困難

天文學家推測，銀河系和仙女座星系也曾經分別與其他星系碰撞、合併，才演變成為現在的模樣。不過，想要正確了解過去曾和什麼樣的星系合併，是一件十分困難的事。因為一旦合併了，合併前的星系資訊幾乎不會殘留下來。

星系合併後，往往形狀會發生巨大的變化。大型螺旋星系彼此碰撞後，可能會喪失螺旋而變成橢圓星系。依此推測，銀河系和仙女座星系直到現在都還沒有經歷過如此大規模的合併※。在大約40億年後會發生的碰撞，對於兩個星系來說，都將是前所未有的劇烈碰撞吧！

※：根據最新的觀測結果，發現了銀河系在約116億～132億年前曾和比較大的星系發生過星系碰撞的痕跡。那個星系被命名為「蓋亞·恩克拉多斯」（Gaia-Enceladus）。現今天文學家們正在詳細研究那個星系碰撞事件。

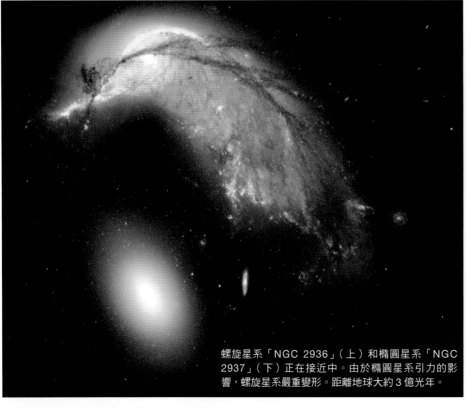

螺旋星系「NGC 2936」（上）和橢圓星系「NGC 2937」（下）正在接近中。由於橢圓星系引力的影響，螺旋星系嚴重變形。距離地球大約 3 億光年。

正在碰撞中的螺旋星系「NGC 6050」（左）和「IC 1179」（右）。距離地球大約 4 億5000萬光年。

4 個星系撞成一團的「ESO 255-7」。最上方的星系看似一個，其實由兩個星系構成。距離地球大約 5 億5000萬光年。

螺旋星系「NGC 6621」（左）和「NGC 6622」（右）。可能是發生碰撞 1 億年後的場景，螺旋的形狀嚴重扭曲。距離地球大約 3 億光年。

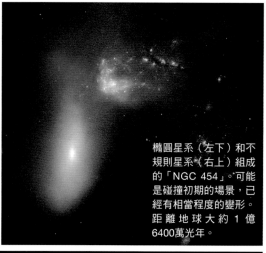

橢圓星系（左下）和不規則星系（右上）組成的「NGC 454」。可能是碰撞初期的場景，已經有相當程度的變形。距離地球大約 1 億 6400 萬光年。

螺旋星系「M51」（左）和矮星系「NGC 5195」（右）。可能是受到右側矮星系撞過來的影響，使左邊的螺旋星系的恆星形成變得活躍起來。距離地球大約3100萬光年。

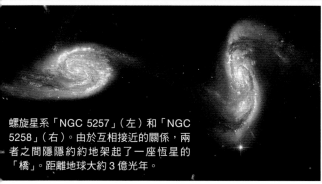

螺旋星系「NGC 5257」（左）和「NGC 5258」（右）。由於互相接近的關係，兩者之間隱隱約約地架起了一座恆星的「橋」。距離地球大約 3 億光年。

碰撞中的眾星系

這些圖像都是哈伯太空望遠鏡拍攝到星系正在碰撞中的場景。不只一對一的碰撞，有時還會有三個以上的星系同時撞在一起（左頁右下圖，ESO 255-256-257）。

星系藉由碰撞和合併而成長，但也因此改變了形狀。星系的形狀在碰撞前後會如何變化，對其規則性還有許多不太明白的地方。順帶一提，星系的成長方法除了星系碰撞之外，還可藉由星系的引力吸引周遭物質做為原料來製造新恆星。究竟哪一種成長方法的比例比較高，仍是未解之謎。

星系碰撞會促成
大量恆星誕生！

星系和星系碰撞時，內部的數百萬～數千億顆恆星會不會相撞呢？為了思考這個問題，我們來看一下星系的構造吧！

下方插圖所示為一般螺旋星系的截面圖，以及其邊緣區域與中心部位的恆星密度。星系內部的恆星分布並不均勻，主要集中在中心，基本上越往外側，恆星的數量越稀少。

在恆星密集的螺旋星系中心，恆星間的距離約為0.03光年（約2800億公里）。在恆星稀疏的周邊地帶，這個距離拉寬到100倍左右。也就是說，恆星與恆星之間的距離為大約3光年（約28兆公里）。

如果把恆星的大小比擬為網球（直徑6.6公分），則恆星間的距離，即使在密集的星系中心部位，最靠近的另一個網球（恆星）也在13.5公里左右的**遠處**。在周邊地帶更遠達1350公里，相當於台北到日本福岡的直線距離，由於恆星的分布如此稀疏，星系碰撞並不一定會導致恆星相撞。

兩個星系的「恆星原料」會被壓縮

星系和星系碰撞時，**「星際氣體」**不像恆星那樣能彼此錯身穿過。

恆星間並非空無一物。**在星系裡，散布著以氫為主的稀薄「星際氣體」**。星系內部的星際氣體平均密度，約為每1立

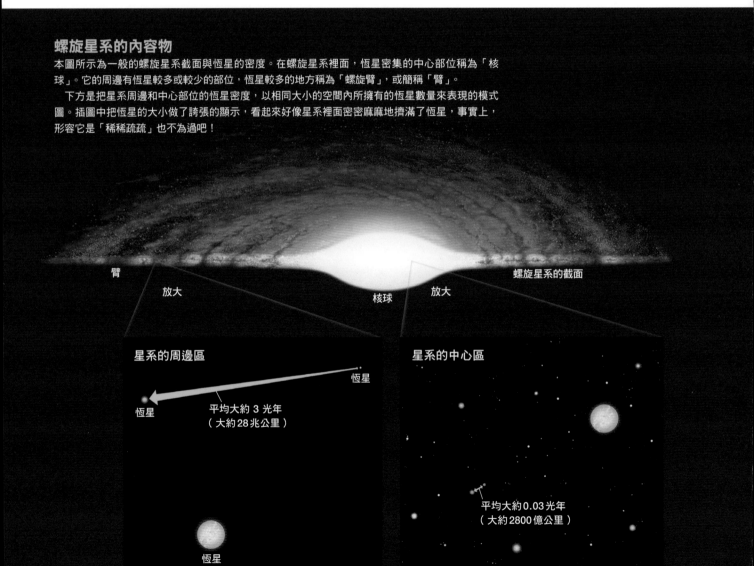

螺旋星系的內容物

本圖所示為一般的螺旋星系截面與恆星的密度。在螺旋星系裡面，恆星密集的中心部位稱為「核球」。它的周邊有恆星較多或較少的部位，恆星較多的地方稱為「螺旋臂」，或簡稱「臂」。

下方是把星系周邊和中心部位的恆星密度，以相同大小的空間內所擁有的恆星數量來表現的模式圖。插圖中把恆星的大小做了誇張的顯示，看起來好像星系裡面密密麻麻地擠滿了恆星，事實上，形容它是「稀稀疏疏」也不為過吧！

臂　放大　核球　放大　螺旋星系的截面

星系的周邊區

恆星　平均大約 3 光年（大約28兆公里）　恆星

恆星

星系的中心區

平均大約0.03光年（大約2800億公里）

方公分1個原子（或分子）。不同地方的星際氣體濃度都不一樣，以螺旋星系來說，大多數存在於「臂」的位置。

下方插圖1～3顯示出兩個螺旋星系A和B發生碰撞時，各星系中所含的星際氣體會如何運動。在此是以黃色來呈現星際氣體，黃色越濃表示氣體越濃。

分布在星系圓盤上的星際氣體會隨著星系一起移動（1）。當星系發生碰撞時，星際氣體不像恆星那樣互相穿過，而是會撞在一起，**使兩個星系所擁有的星際氣體都受到壓縮**（2）。星際氣體若因星系的碰撞而受到壓縮，密度有可能會提升到數萬倍之多。

星際氣體是製造恆星的原料物質。當密度提升到一定程度以上時，**氣體團塊會由於氣體本身的引力而開始凝聚，形成微小的「恆星種子」（原初恆星）**。原初恆星吸收周圍的氣體而逐漸成長，最後成為本身會發光的恆星。在濃縮的氣體之中，便是藉由這樣的機制孕育出大量的恆星（2～3）。

在現今的銀河系圓盤區，每年誕生的恆星總質量大約是太陽的2倍。一般來說，星系如果發生碰撞，每年誕生的恆星總質量可達到太陽的數十倍至數百倍。

星系發生碰撞之後，兩個星系的恆星數量不只是把原本的恆星數量加總起來而已，還有許多由恆星原料濃縮而成的新恆星。由此可知，星系碰撞會促進星系規模及形狀的演化。

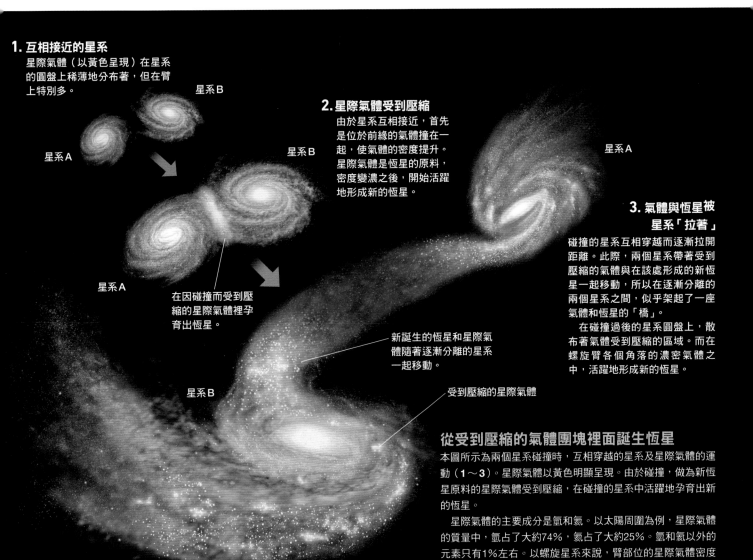

1. 互相接近的星系
星際氣體（以黃色呈現）在星系的圓盤上稀薄地分布著，但在臂上特別多。

星系B

星系A

2. 星際氣體受到壓縮
由於星系互相接近，首先是位於前緣的氣體撞在一起，使氣體的密度提升。星際氣體是恆星的原料，密度變濃之後，開始活躍地形成新的恆星。

星系B

星系A

星系A

3. 氣體與恆星被星系「拉著」
碰撞的星系互相穿越而逐漸拉開距離。此際，兩個星系帶著受到壓縮的氣體與在該處形成的新恆星一起移動，所以在逐漸分離的兩個星系之間，似乎架起了一座氣體和恆星的「橋」。

在碰撞過後的星系圓盤上，散布著氣體受到壓縮的區域。而在螺旋臂各個角落的濃密氣體之中，活躍地形成新的恆星。

在因碰撞而受到壓縮的星際氣體裡孕育出恆星。

新誕生的恆星和星際氣體隨著逐漸分離的星系一起移動。

受到壓縮的星際氣體

星系B

從受到壓縮的氣體團塊裡面誕生恆星
本圖所示為兩個星系碰撞時，互相穿越的星系及星際氣體的運動（1～3）。星際氣體以黃色明顯呈現。由於碰撞，做為新恆星原料的星際氣體受到壓縮，在碰撞的星系中活躍地孕育出新的恆星。

星際氣體的主要成分是氫和氦。以太陽周圍為例，星際氣體的質量中，氫占了大約74%，氦占了大約25%。氫和氦以外的元素只有1%左右。以螺旋星系來說，臂部位的星際氣體密度比較高。密度高的區域，氫大多以分子的形式存在，有時也稱之為「分子雲」（molecular cloud）。

有促使星系互相接近的「幕後黑手」存在！

在宇宙中促使星系互相接近和碰撞的「幕後黑手」，就是「暗物質」。雖然無法直接看到暗物質，但因為它具有質量，會對周圍產生引力的影響，所以能間接得知它的存在。隨著研究的進展，我們逐漸闡明了暗物質在宇宙的什麼地方有多少數量存在。

暗物質普遍存在於宇宙中，但是密度依場所而有所不同。如本頁插圖所示，**暗物質可能是緊密包覆著星系而形成一個團塊。**而且，被暗物質包住的眾多星系所集結而成的**星系團，也是整個被暗物質團團包圍著。**

暗物質團塊的散布範圍廣達星系大小的10倍以上，且質量是所包覆星系所有恆星總質量的10倍以上。**也就是說，含暗物質在內的整個星系總質量，我們能夠看到的還不到其10分之1。**

若是以星系團的規模為例，**一般而言，其所含的質量有大**約85％來自暗物質，恆星的**質量只占了2%**，其餘的質量則來自散布在星系團裡面的氣體等物質。

具有壓倒性質量而包住星系的暗物質，也左右著星系的運動。星系彼此靠攏而組成集團也好，銀河系和仙女座星系的碰撞也好，**促成這些事件的「幕後黑手」都是暗物質。**

而星系為什麼會被暗物質包圍起來呢？越來越多的研究者認為，**這是因為恆星和星系本來就是在暗物質團塊的中心附近形成的。**這種暗物質團塊稱之為「暗暈」或「暗物質暈」（dark matter halo）。

被暗物質包住的眾星系

本圖一併呈現星系團的星系及暗物質。包覆著星系而形成一個團塊的暗物質，以紫色氣體的形態來呈現。暗物質完全不會放出任何光（電磁波），所以無法直接看到。但它會對周圍產生引力的影響，所以能藉由調查其周圍，進而間接得知它的存在。

暗物質團塊（集結體）稱為「暗暈」或「暗物質暈」。暗暈內的暗物質密度以中心區為最高，星系就是在那裡。在暗暈裡面，可能飄浮著許多稱為「子暈」（sub halo）的暗物質小團塊，其中又擁有更小的星系。整個星系團也被暗物質團團包圍著。而包住星系團的暗物質團塊也可以說是一個巨大的暗暈。

包住星系的暗暈
（暗物質的團塊）

子暈
（暗物質的小團塊）

星系

受到引力的影響，導致濃密的地方更濃密

下方插圖中的**1~4**顯示出恆星在暗物質團塊裡面孕育出的過程。暗物質以紫點表示，氫之類的所有普通物質以藍點表示。

在大約138億年前宇宙剛誕生時的宇宙空間裡，暗物質也好，普通物質也好，大致上都是均勻地分布著（**1**）。可是，**並非完全均勻，它們的濃密度存在著些微的不勻。**

在暗物質稍微濃密一點的地方，它的引力比周圍稍微強了一些，會把周圍的物質一點一點地吸引過來。到最後，**物質逐漸集中在暗物質稍微濃密一點的地方（2）。**

暗物質持續聚集，漸漸形成了團塊（暗暈）。小型（較輕）的暗暈互相合併，逐漸成長為大型（較重）的暗暈（**3**）。在暗暈裡面，氫等物質以高溫稀薄氣體的形態布滿了整個團塊。

若沒有暗物質，人類到現在還不會存在

遍布於暗暈裡面的高溫氣體，朝周圍釋放能量（電磁波）而徐徐地冷卻下來，聚集在暗暈的中心附近，成為孕育恆星的原料。於是，**在暗暈中心區形成的濃密氣體雲裡面，誕生了最初的恆星（4）。**

根據電腦模擬的結果，如果宇宙中沒有暗物質存在，則物質聚集到足以孕育恆星所需的時間，將會更長。**在宇宙誕生後僅僅138億年的時間，就能造就出當今這個「擠滿」各樣星系的宇宙，完全是因為有暗物質存在的關係。我們人類今天能夠存在，也可以說是拜其所賜。**

從暗暈裡孕育出最初的恆星

本示意圖為暗物質團塊（暗暈）裡面，從物質密集形成的高密度區（氣體雲）中孕育出恆星的過程。在以氫等物質為主要成分的濃密氣體雲裡面，誕生了最初（第一代）的恆星，這些恆星可能在宇宙誕生後的數億年內就誕生了。

第一代恆星的壽命只有300萬年左右，馬上發生稱為「超新星爆炸」的大爆炸，把氫、氦以及在恆星內部合成的其他元素，撒放到周圍的宇宙空間。而利用這些元素為原料，又在濃密氣體雲裡面不斷地孕育出許多新的恆星。宇宙誕生後的8億年後（距今大約130億年前），恆星聚集在一起，形成了初期的星系。

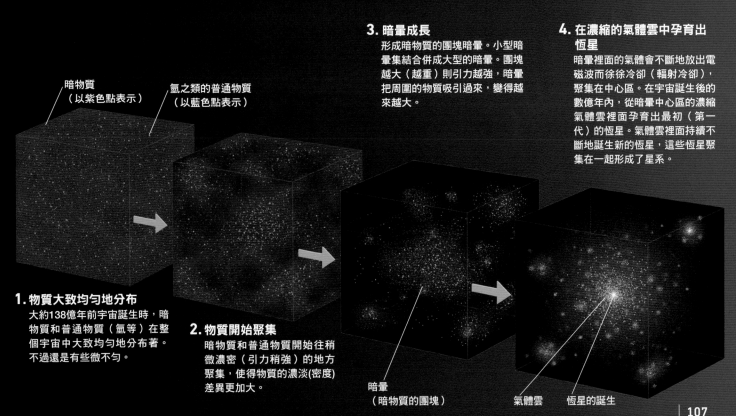

3. 暗暈成長
形成暗物質的團塊暗暈。小型暗暈集結合併成大型的暗暈。團塊越大（越重）則引力越強，暗暈把周圍的物質吸引過來，變得越來越大。

4. 在濃縮的氣體雲中孕育出恆星
暗暈裡面的氣體會不斷地放出電磁波而徐徐冷卻（輻射冷卻），聚集在中心區。在宇宙誕生後的數億年內，從暗暈中心區的濃縮氣體雲裡面孕育出最初（第一代）的恆星。氣體雲裡面持續不斷地誕生新的恆星，這些恆星聚集在一起形成了星系。

暗物質（以紫色點表示）

氫之類的普通物質（以藍色點表示）

1. 物質大致均勻地分布
大約138億年前宇宙誕生時，暗物質和普通物質（氫等）在整個宇宙中大致均勻地分布著。不過還是有些微不勻。

2. 物質開始聚集
暗物質和普通物質開始往稍微濃密（引力稍強）的地方聚集，使得物質的濃淡(密度)差異更加大。

暗暈（暗物質的團塊）

氣體雲　恆星的誕生

銀河系和仙女座星系
已經在碰撞中！？

星系和包覆著星系的暗物質團塊（暗暈），是無法切割的「一體」關係。暗暈的總質量，是肉眼可見的恆星總質量的10倍以上。也就是說，對周圍產生的引力影響也是10倍以上。如果把這一點納入考量，則星系的「主角」應該不是肉眼可見的恆星，而是看不到的暗暈才對。

暗暈包覆著星系，質量更是星系的10倍以上，故而也會影響到星系的運動行為。**星系互相接近而發生碰撞，便是暗暈在作祟。**銀河系和仙女座星系的接近與碰撞，必定也是因為包覆著這兩個星系的暗暈在接近與碰撞的緣故。

▎星系碰撞是暗暈合併的「副產物」

插圖1～3重新繪製了銀河系

（文接右頁下）↘

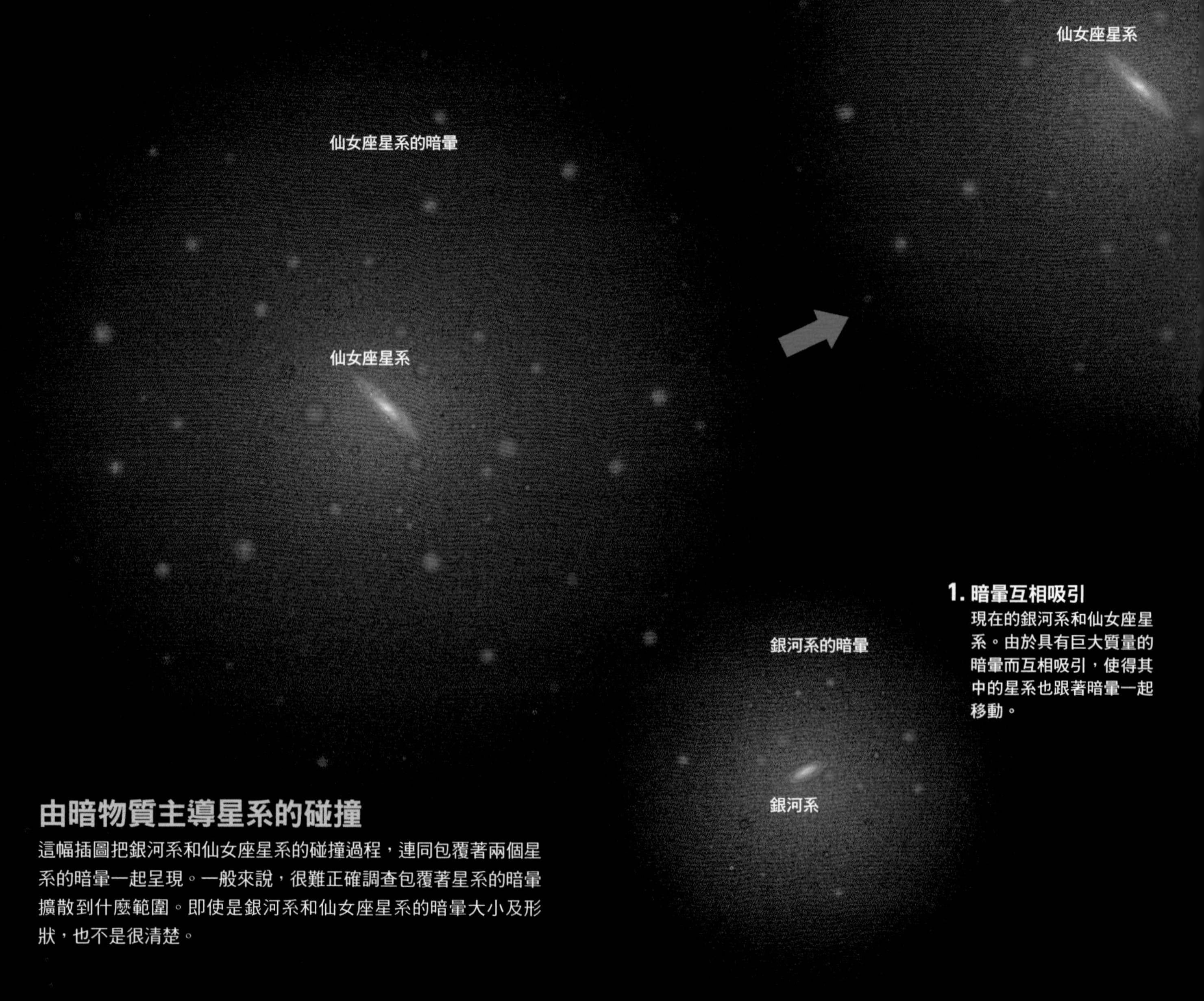

仙女座星系

仙女座星系的暗暈

仙女座星系

1. 暗暈互相吸引
現在的銀河系和仙女座星系。由於具有巨大質量的暗暈而互相吸引，使得其中的星系也跟著暗暈一起移動。

銀河系的暗暈

銀河系

由暗物質主導星系的碰撞

這幅插圖把銀河系和仙女座星系的碰撞過程，連同包覆著兩個星系的暗暈一起呈現。一般來說，很難正確調查包覆著星系的暗暈擴散到什麼範圍。即使是銀河系和仙女座星系的暗暈大小及形狀，也不是很清楚。

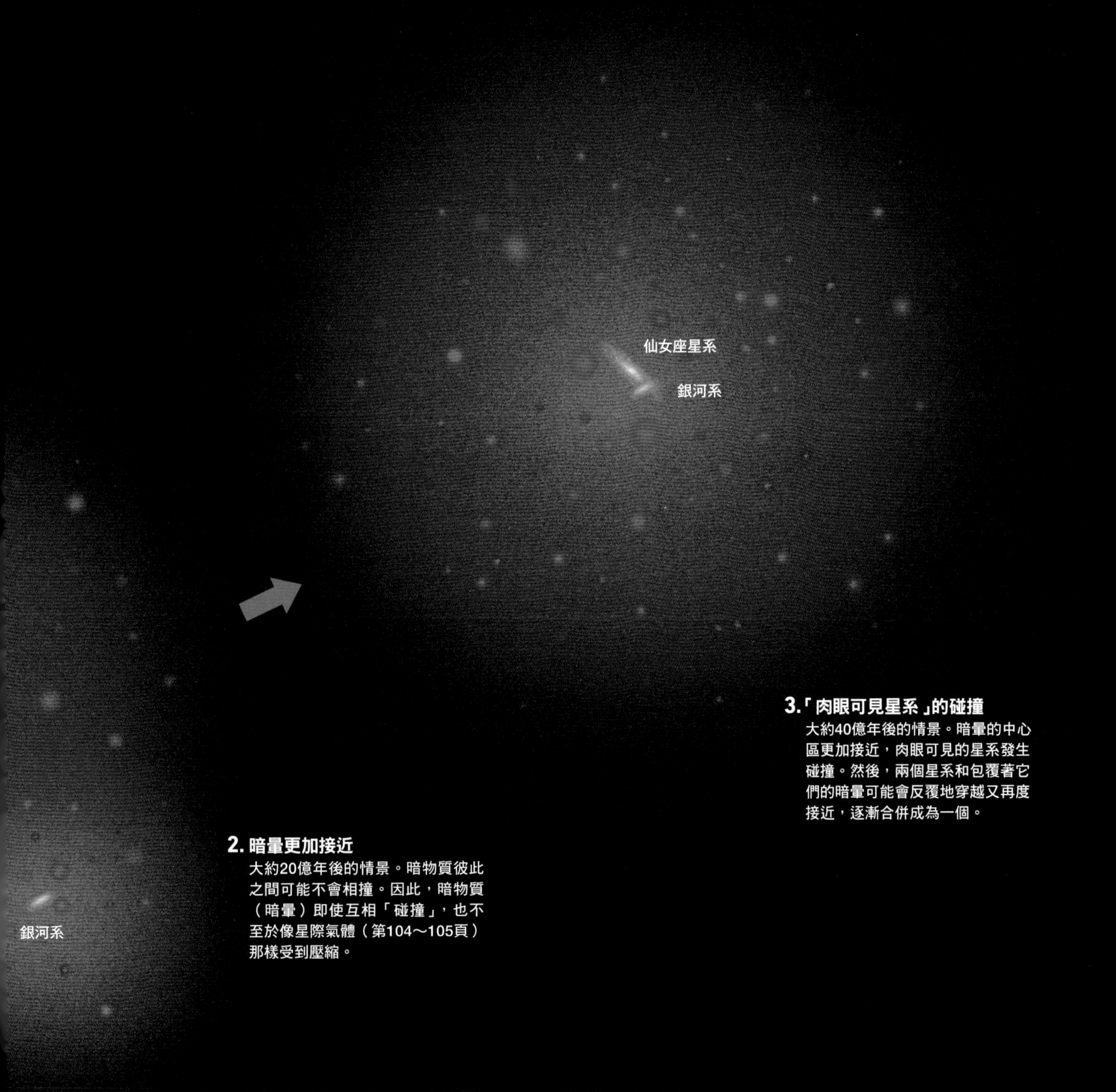

仙女座星系

銀河系

3.「肉眼可見星系」的碰撞
大約40億年後的情景。暗暈的中心
區更加接近，肉眼可見的星系發生
碰撞。然後，兩個星系和包覆著它
們的暗暈可能會反覆地穿越又再度
接近，逐漸合併成為一個。

2. 暗暈更加接近
大約20億年後的情景。暗物質彼此
之間可能不會相撞。因此，暗物質
（暗暈）即使互相「碰撞」，也不
至於像星際氣體（第104～105頁）
那樣受到壓縮。

銀河系

和仙女座星系接近與碰撞的情
景，連同包覆著兩個星系的暗
暈也一起呈現。

　　一般來說，暗暈散布的範
圍，是肉眼可見的星系10倍左
右，且星系的大小（質量）和
暗暈的大小（質量）有關，星
系越大（重），則包覆著它的
暗暈也越大（重）。

　　如果在談論「星系」時，不
只考量肉眼可見的恆星，而是
連同暗暈也一起思考的話，則
事實上，銀河系和仙女座星系
或許已經在邊緣地帶開始發生
碰撞了（1）。順帶一提，天文
學家認為暗物質彼此之間並不
會相撞（錯身穿過），也不會
撞上普通物質。**暗物質會對周
圍物質產生的影響，只有引力
的作用而已。**

　　星系藉由反覆地碰撞與合
併，逐漸成長。而所謂的星系
成長，其實就是暗暈這個「幕
後黑手」的合併與成長。

　　**暗暈互相合併的時候，其內
部的星系未必會發生碰撞。在
某些合併後更為壯大的暗暈裡
面，可能會有許多個沒有碰撞
而近距離共存的星系存在。星
系群或星系團極有可能就是以
這種方式形成星系集團。**

若星系持續碰撞與合併，未來的宇宙會變成什麼模樣？

天文學家認為，正如銀河系和仙女座星系將會在數十億年後發生碰撞成為橢圓星系（第98～99頁），星系群和星系團等現今以集團的形式共存的眾多星系，未來也有可能發生碰撞、合併。也就是說，**星系群和星系團裡面的星系，未來也將逐漸整併成巨大的橢圓星系。**

雖說星系群和星系團裡面的星系會逐漸整併，但很難想像整個宇宙的所有星系都整併成一個。因為，「宇宙在膨脹之中」。

在觀測遠方的星系時，發現越遠的星系以越快的速度遠離銀河系而去。這可能就是因宇宙空間膨脹所致。根據觀測的結果，**宇宙膨脹的速度會隨著時間而越來越快（加速膨脹）**，有可能即是因為某種未知的能量在促使宇宙加速膨脹，不過我們並不知道它的本體是什麼，**暫時稱之為「暗能量」（dark energy）。**

宇宙的膨脹使遠方的星系遠離我們而去，但銀河系和仙女座星系卻在接近當中，由此可知，並非所有的星系都在退離，這是為什麼呢？因為在星系群或星系團的範圍裡，促使星系整併的力（暗物質等的引力），會對抗促使宇宙加速膨脹的能量。不過，如果是在超越星系團的更大範圍裡，由於加速膨脹的效應比促使整併的效應更強，所以遠方星系會與我們越來越遠。

▌星系漸漸地不再發生碰撞

超過1000億年後，由於「促使星系整併的力」和「促使宇宙加速膨脹的能量」之間力的關係，使得宇宙成為在浩瀚空間中稀疏散布著巨大橢圓星系的「寂寥」模樣（插圖）。宇宙中原本到處都在發生的星系碰撞，也漸漸地消聲匿跡。這可以說是星系碰撞的終點吧！

星系持續合併的未來宇宙

本圖為超過1000億年以後的未來宇宙想像圖。星系群及星系團裡面的星系逐漸聚集為巨大的橢圓星系。另一方面，由於宇宙的膨脹，沒有任何星系存在的空間（空洞，void）會漸漸擴大，與遠方星系的距離也會漸漸拉開。宇宙最後可能會像這幅插圖一樣成為巨大橢圓星系，且相隔非常遙遠地散布著。

順帶一提，這幅想像圖只是依據現今宇宙的狀況所推估的一種可能性而已。因為，我們對暗能量的本體和性質並不十分了解，所以還必須考慮未來宇宙的加速膨脹的變化程度等因素。

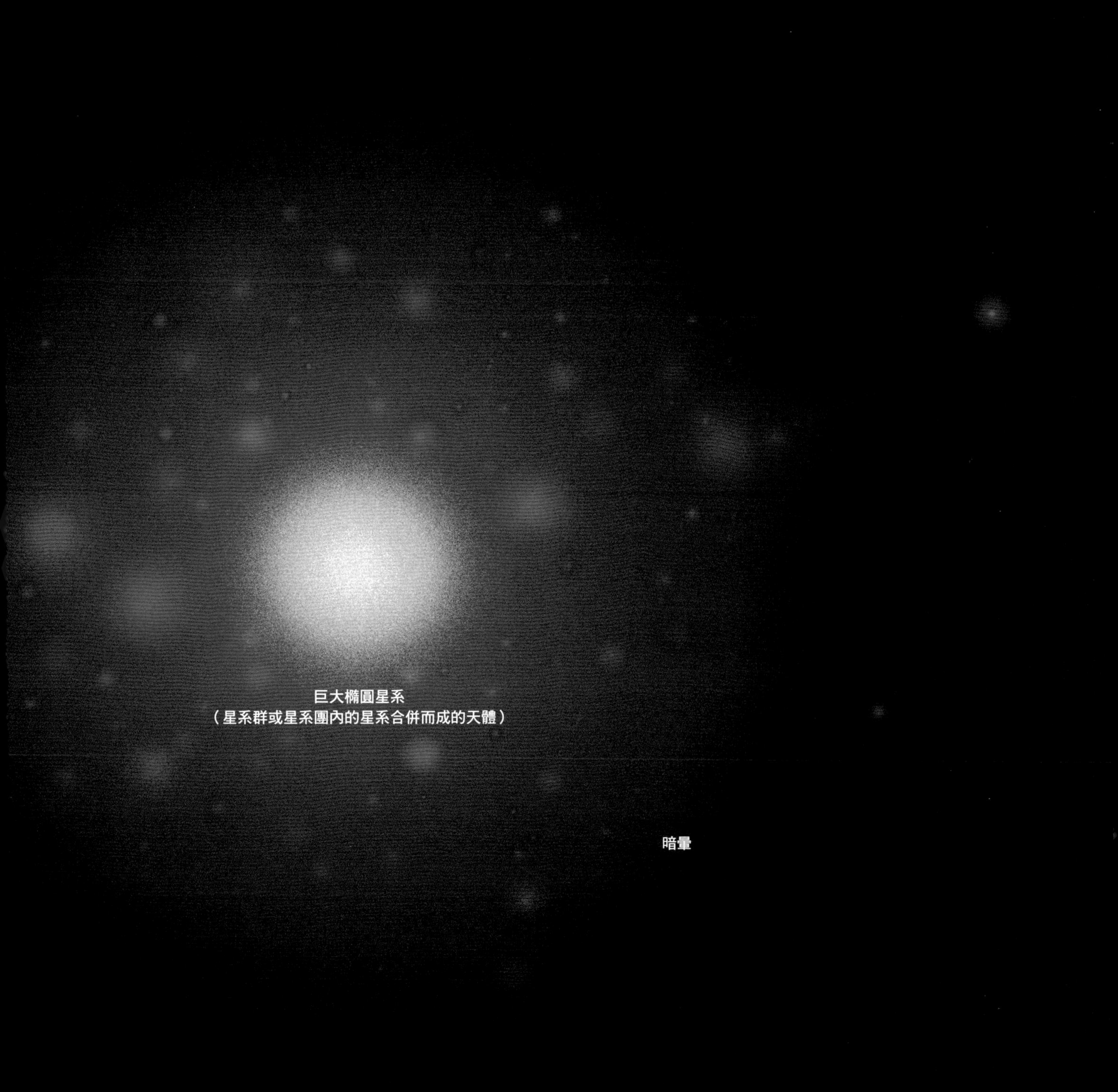

巨大橢圓星系
（星系群或星系團內的星系合併而成的天體）

暗暈

星系組成的宇宙大尺度結構

如果以非常寬廣的視野來觀看宇宙，即可得知星系因彼此聚集，組成了宛如許多個泡泡集結在一起的構造（大尺度結構）。目前科學家正在積極研究，試圖追溯這樣的構造是如何形成的，並依據這個構造來推測宇宙的未來樣貌。

讓對宇宙的大尺度結構非常了解的杉山直博士，跟我們分享最新的研究成果。

協助　杉山 直

宇宙中充滿著無數個星系組成的「大尺度結構」

日本名古屋大學的杉山直博士負責研究宇宙的形成，他表示：「宇宙中充滿了由星系組成的巨大網狀構造，亦即巨大的『泡泡』。在相當於泡膜的部分，聚集著許多星系。但另一方面，泡泡內部有一些區域僅有稀稀疏疏的星系存在。一個泡的直徑約有1億光年。」

在宇宙空間中，所見之處皆是由星系組成的巨大泡狀構造。我們居住的銀河系，也可說是位於這種泡狀構造之一的泡泡表面。

「星系組成的泡狀構造稱為『宇宙的大尺度結構』，以下讓我來介紹這個宇宙中的最大構造物吧。」

星系聚集在相當於泡膜的部分。這個部分可依據它的形狀做分類，例如細長纖維狀構造稱為「細絲」（filament）、平面狀構造稱為「薄片」（sheet），特別巨大的構造則比擬為中國的「萬里長城」而稱之為「巨牆」（great wall）等等。而泡泡的內部則幾乎沒有任何星系存在，稱為「空洞」。在與相鄰的泡疊合的地方，有許多星系高密度聚集，這樣的區域稱為「星系團」，更加密集的區域稱為「超星系團」，還要更加密集的區域則稱為「超星系團複合體」。

我們太陽系所在的銀河系，直徑僅10萬光年左右。而典型的泡泡構造動不動就是1億光年左右，比銀河系大上了1000倍。到目前為止，雖只發現了幾個巨牆，但已知其中有廣達10億光年者。這幅插圖描繪出好幾個泡泡構造串連在一起的場景，其中的星系看起來只不過是一個小點而已。

「在宇宙中，無數個星系組成泡，許多個泡又組成大尺度結構，連綿不絕地遍布整個宇宙。」

註：在第5章中，杉山博士的論述部分以藍色標出。

無數個星系組成「泡」構造

本頁插圖所描繪的大尺度結構，係參考依據觀測所繪製的星系立體地圖（第116～117頁介紹）及電腦模擬的結果。將星系的大小做了誇大顯示。

星系組成的泡構造，疊成一層又一層，連在星系稀少的「空洞」深處也有泡構造。不過，越遙遠的星系越幽暗難見。大尺度結構也可以說是開了許多小洞的海綿狀構造。

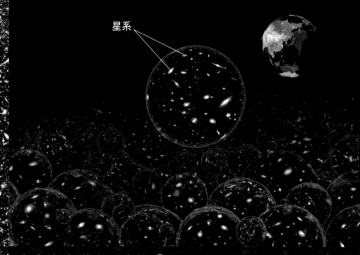

星系

宇宙中充滿了巨大的「泡」！

本圖以容易理解的方式描繪星系位於泡構造的哪個部位。如同陸地位於地球的表面，星系也分布於泡的表面。另一方面，泡的內側則幾乎沒有星系存在。像這樣由許多個泡集結在一起所組成的東西，就是泡構造。

為了方便說明，將插圖繪製成單獨的泡與有泡集團的外側區域，但實際的泡構造，是朝夜空的四面八方無限延伸擴展出去，根本看不到盡頭和外側。

以前完全不知道星系
在宇宙中如何分布

「**在**」發現大尺度結構之前，天文學家們完全不知道星系在宇宙空間的分布狀態，是依循什麼規則。」

舉起望遠鏡仰望夜空時，可以在繁星間看到朦朦朧朧的光影，星星是我們銀河系裡面的恆星，而朦朦朧朧的光影，則是距離銀河系相當遙遠的其他星系。典型的星系擁有數百億至數千億顆恆星，大型的星系甚至擁有數兆顆恆星。我們是在1924年，才第一次知道了銀河系外面仍有無數個星系的存在，這個大發現改寫了過去的

天文學書籍。

無論朝夜空的哪個方向看去，都可以看到星系。乍看之下，它們的位置似乎沒有規則。如果只是單單舉起望遠鏡仰望夜空，並不會知道這些星系距離我們多遠，因此也無法得知這些星系的立體分布是什麼情況。

1980年代發現了
星系集結成不可
思議的構造！

「1980年代中期，剛好是我在研究所開始研究宇宙論的時

候，有人發現了宇宙中非常不可思議的構造。就是星系集結在一起，組成有如人形的網路結構。」

在那之前，並不知道星系在宇宙中如何分布。不過到了1970年代晚期，開始確實地測量地球與每一個星系的距離，於是藉由這些研究，逐漸明白了星系在宇宙中並不是均勻地分布著。這是一項顛覆當時的天文學常識的大發現。

「當時的研究者提出了各種理論，試圖說明這樣的構造究竟是受到什麼樣的力在作用而

形如一個舉著棒子的人？星系所組成的不可思議構造

依據「CfA紅移巡天」所獲得的「星系地圖」繪製而成，其中的星系形狀及大小與實際星系不同。「CfA」是蓋勒和修茲勞所屬的哈佛-史密松天體物理學中心的簡稱。扇形的半徑達到 6 億5000萬光年，其中央尤其是星系密集的部分，看起來好像一個舉著棒子的人，因此稱之為「棒人」（Stickman）（參照右圖）。插圖中把各星系的大小放大了數百倍。

這幅宇宙地圖是依據「紅移」現象，求算各個星系與地球的距離繪製而成。紅移即由於宇宙正在膨脹，導致從遠方星系傳來的光，其波長會拉長（偏向紅色）的現象。

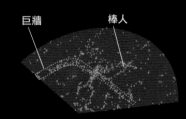

巨牆　　棒人

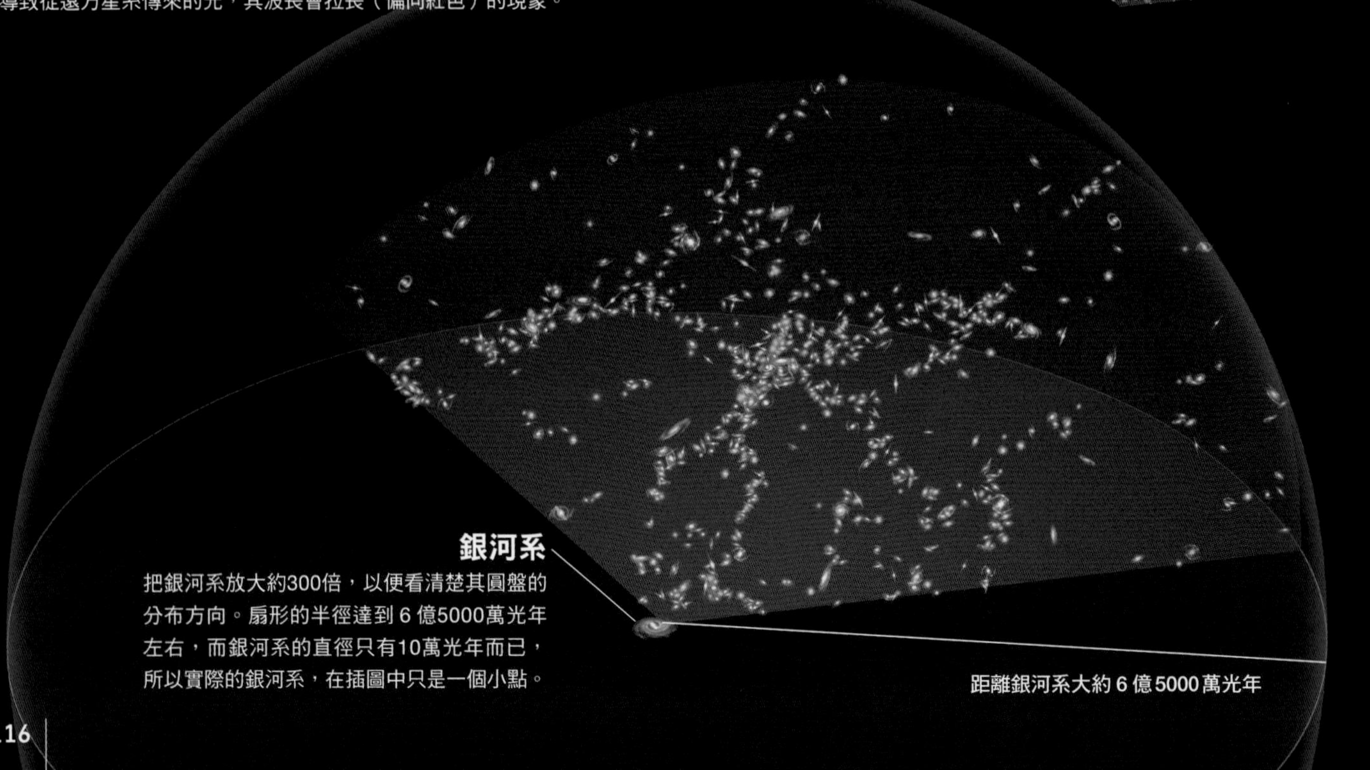

銀河系

把銀河系放大約300倍，以便看清楚其圓盤的分布方向。扇形的半徑達到 6 億5000萬光年左右，而銀河系的直徑只有10萬光年而已，所以實際的銀河系，在插圖中只是一個小點。

距離銀河系大約 6 億5000萬光年

形成。我也一頭栽入其中，鑽研宇宙的構造以及這種構造的形成機制。後來也在許多觀測成果的支持下，總算逐漸闡明了宇宙構造的形成歷史。」

想要測量星系與地球的距離，必須進行特殊的「光譜觀測」，相當耗費時間。美國天文學家蓋勒（Margaret Joan Geller，1947～）和修茲勞（John Peter Huchra，1948～2010）扎扎實實地對每一個星系施行光譜觀測，終於在1989年發現了由眾多星系串連組成的壁狀構造「巨牆」。同時，也得知宇宙中有幾乎不含任何星系的區域存在，這種區域稱為「空洞」。

就這樣，蓋勒和修茲勞為我們闡明了星系在宇宙空間中的分布狀態。

2000年代，得知泡構造連綿延伸到宇宙的每個角落

「在進一步實行更大範圍的觀測後，漸漸明白1989年所發現的巨牆，只是更大構造的一部分。這個大尺度結構甚至連綿延伸到宇宙的每個角落。」

下方圖像是2000年代啟動的「史隆數位巡天」（Sloan Digital Sky Survey，SDSS）天文觀測計畫所獲得的星系地圖。圖像中的亮點即星系的位置。由這幅圖像可知，無數個星系組成了泡構造的膜。

SDSS觀測了約25％的地球夜空，調查了1億個以上的天體亮度及位置。在測量了100萬個以上的星系與「類星體」（quasar）的距離之後，依此把宇宙大尺度結構轉化為圖像。類星體是看起來像一個點的遠方明亮天體，它的本體可能是個巨大的黑洞。

「順帶一提，在下方的圖像中，看起來好像距離地球越遠則星系的數量越少，但事實並非如此。因為距離地球越遠的星系，傳到地球上的光就越暗，越難以觀測到的緣故。」

大尺度結構延伸擴展到宇宙的每個角落

下方為依據SDSS的觀測結果所繪製的「星系立體地圖」。在這幅地圖中，往深處的方向也有星系的點，所以「泡」是層層相疊而難以看清的。圖像上面和左下方區域並未進行觀測，因為銀河系的圓盤往該方向延展，而圓盤由眾多恆星組成，它們的光會妨礙觀測，所以很難從地球上觀測這個方向的遠方天體。在實際的宇宙中，大尺度結構可能也會朝這個方向延伸擴展過來。這幅圖像是利用日本國立天文台4維數位宇宙計畫（4D2U）的「Mitaka」軟體繪製而成。Mitaka是能以立體形式觀看各種尺度宇宙的軟體（下載URL：http://4d2u.nao.ac.jp/html/program/mitaka/）。

在宇宙的遙遠之處發現了「大尺度結構的種子」

「**發**現大尺度結構的時候，包括我在內，許多學者都認為『大尺度結構應該起源於剛誕生的宇宙中』。」

越遙遠的地方，越能看到古老的宇宙

即使在現在觀看宇宙的遙遠之處，仍能實際觀測到初期宇宙的樣貌，是因為光傳到地球上需要時間。

例如，太陽距離地球大約 1 億5000萬公里，它射出的光約需 8 分鐘才能抵達地球。也就是說，我們看到的太陽是約 8 分鐘之前的樣貌。同樣地，仙女座星系距離地球大約250萬光年，所以我們看到的仙女座星系是大約250萬年前的樣貌。因此從地球上觀看越遙遠的宇宙時，我們看到的是越古老的宇宙。

宇宙可能誕生於138億年前。如果看到最遠處，就能看到138億年前的初期宇宙樣貌。也就是說，能夠看到花了138億年的時間才抵達現今地球的初期宇宙的光。這個初期宇宙的光抵達地球時變成了「微波」，這種光（電磁波）稱為「宇宙微波背景輻射」（cosmic microwave background radiation），現在也叫做「宇宙微波背景」（CMB）。

人造衛星發現了「大尺度結構的種子」

「在1965年就已經發現了宇宙微波背景輻射，但後來有許多研究者不斷地探索，始終無法在其中找到任何疑似『大尺度結構種子』的東西，因此在當時成為一個很大的謎題。

到了1992年，具有高觀測精度的宇宙背景探測者COBE衛星終於在宇宙微波背景輻射中，發現了極其微小的濃淡不勻，即『初期宇宙物質密度的不勻』。這有可能就是大尺度結構的種子。

不過，這又帶來了下一個謎題：如此微小的濃淡不勻，是如何成長為大尺度結構的呢？」

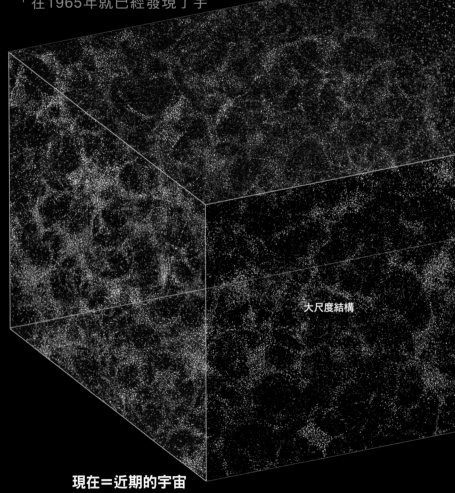

大尺度結構

現在＝近期的宇宙

透露初期宇宙樣貌的「宇宙微波背景輻射」

插圖描繪出看到越遠（右邊）的宇宙，即會看到越古老的宇宙。

在地球附近，可以看到已形成大尺度結構的近期宇宙。往更遠的地方看去，便可以看到形成大尺度結構之前的宇宙。

從地球上能看到最遠的地方是138億年前的宇宙，也就是宇宙創始後約37萬年時的樣貌。這個138億年前宇宙傳來的光，抵達地球時變成了「微波」（電磁波），所以把這個初期宇宙傳來的光稱為「宇宙微波背景輻射」。

人造衛星看到的初期宇宙樣貌

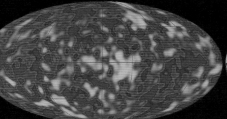

COBE衛星（1992年）

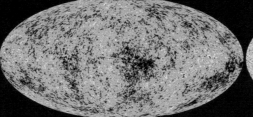

WMAP衛星（2003年）

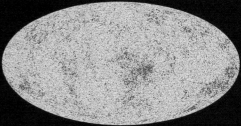

Planck衛星（2013年）

上圖依據人造衛星觀測初期宇宙的光（宇宙微波背景輻射）的結果，所求得的全天（初期宇宙）溫度分布。不同的顏色即代表溫度有差異（溫度不勻）。COBE衛星的圖像以紅色表示高溫，以藍色表示低溫；威爾金森微波各向異性探測器WMAP衛星和Planck衛星的圖像以紅色、黃色表示高溫，以藍色表示低溫。不過，其溫度差只有僅僅0.001％左右而已。

　　COBE衛星是最早觀測到溫度不勻的人造衛星，它的觀測結果與大霹靂理論所主張宇宙從火球狀態肇始的預測完全一致，因此成了佐證該理論的強力證據。繼COBE衛星之後，WMAP衛星和Planck衛星也對宇宙微波背景輻射做了更詳細的觀測。這些衛星所偵測到「溫度不勻」的溫度起伏，大致上可視為物質密度的濃淡。不過，這個時代的物質密度不勻可能要達到0.01％程度的差異，才有機會成為大尺度結構的種子。

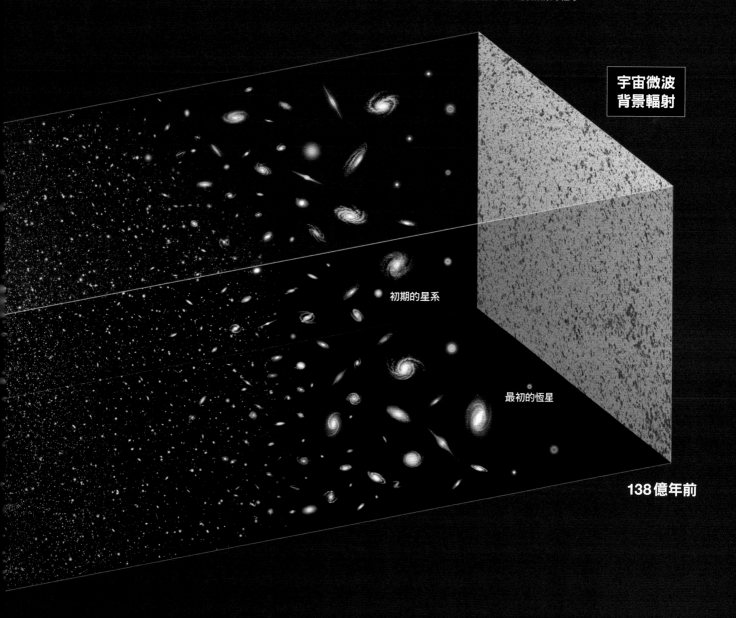

宇宙微波
背景輻射

初期的星系

最初的恆星

138億年前

初期宇宙物質些微的「密度濃淡」藉由引力而成長為大尺度結構

「**在**宇宙肇始的時候，沒有恆星和星系，整個宇宙處於充滿炙熱氣體的『火球狀態』。

這個時期的宇宙，和現在的宇宙不同，非常地均勻（1）。在宇宙肇始約37萬年後，宇宙物質密度濃淡不同的地方，只有僅僅0.01%左右的差異。

這個初期宇宙些微的密度差異，成了大尺度結構的『種子』。隨著時間經過，這個差異越來越大，終於孕育出星系及大尺度結構。」

藉由觀測宇宙微波背景輻射，逐漸闡明了初期宇宙的狀態，也使我們能利用電腦模擬現在大尺度結構形成的過程。根據電腦模擬，大尺度結構大致是依循以下的機制形成的。

大尺度結構藉由引力而形成

「初期宇宙的密度較高區域，物質間互相作用的引力比周圍大，會把周圍的物質吸引過來。相反地，密度較低的區域則會變得更稀薄。於是些微的密度差異逐漸拉大（2-a～c）。漸漸地，形成了巨大的空洞、星系與星系團，最後造成了大尺度結構（3）」。

大尺度結構的成長機制

本圖描繪的過程為非常均勻的初期宇宙，成長到現在擁有恆星及星系的多彩多姿宇宙。

在初期宇宙中，物質幾近均勻地分布著，但不同地方的密度還是會有些微的差異（**1**）。

密度較高的地方會藉由引力吸引周圍的物質，導致密度更高。密度較低的地方則變得更稀薄（**2-a～c**）。

後來，密度較高的地方孕育出恆星和星系（**3**）。於是星系分布成泡膜那樣，形成了中間有個巨大空洞的大尺度結構。

實際宇宙的膨脹的程度比插圖所示更大，從宇宙肇始37萬年後到現在，插圖中的立方體邊長可能膨脹了多達1100倍。

1. 初期宇宙
——非常均勻的世界

宇宙肇始37萬年後，物質非常均勻地分布著。不過，此密度會依場所不同而有約萬分之1的差異。

2-a ～ c. 密度的差異逐漸擴展開來

由於整個宇宙都在膨脹之中，所以宇宙的「平均密度」逐漸下降。不過，物質密度較高的地方會藉由引力把周圍的物質吸引過來，密度較低的地方則被周圍奪走物質而變得更稀薄。由於這個效應，一部分區域的物質密度越來越高。

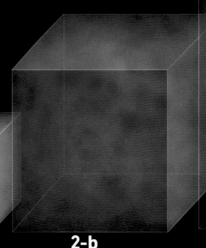

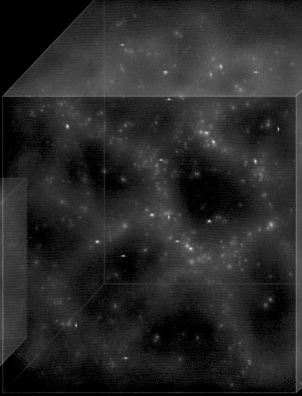

1   2-a   2-b   2-c

3. 現在──形成由恆星和星系造成的大尺度結構

在物質密度較高的地方，不斷地把周圍的物質吸引過來，於是誕生了本身會發光的恆星和星系。在初期宇宙（1），物質密度的差異只有0.01％左右而已，但星系團的物質的平均密度可達到宇宙平均密度的數百倍之多。

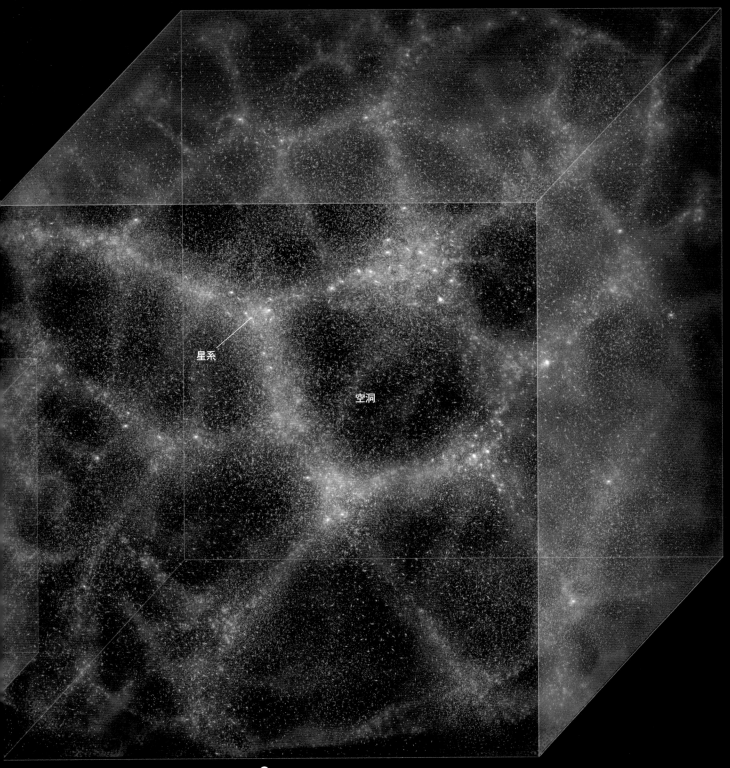

星系

空洞

3

大尺度結構存在於「暗物質」裡面！

「宇宙中的『暗物質』數量，比原子組成的『普通物質』多了5倍以上，在大尺度結構形成時，可能扮演著極其重要的角色。」

暗物質即指雖然肉眼看不到（不會發出或吸收光之類的電磁波），但其引力會對周圍產生影響的本體不明物質。為什麼我們會知道有這種看不到的暗物質存在呢？

「暗物質是依據觀測星系的運動等，間接地預言了它的存在。首先，瑞士的天文學家茲威基（Fritz Zwicky，1898～1974）在1930年代注意到，星系團中眾多星系的運動，無法只憑肉眼可見物質的質量所具有的引力來圓滿說明。因此，他便認為可能有觀測不到的物質，即暗物質的存在。

接著在1970年代，美國天文學家魯賓（Vera Rubin，1928～2016）詳細觀測了星系圓盤的運動後，提出了同樣的主張：『若要圓滿說明圓盤的運動，必須要有看不到的物質才行。』

於是我們逐漸明白，暗物質的引力支配著宇宙的各種現象。」

暗物質包圍著大尺度結構

近年來藉由光被引力彎曲所產生的「重力透鏡效應」等，逐漸明白了暗物質在宇宙空間如何分布的細節。

例如，暗物質在星系周圍分布成的球狀稱為「暗暈」。而星系團也整個充滿了暗物質。

現在已得知大尺度結構也被暗物質團團包圍著，即暗物質也形成了大尺度結構。這些形成大尺度結構的暗物質也稱為暗暈。根據觀測的結果，推估宇宙的物質中暗物質占了85％，氣體占了13％，恆星只占2％而已。

暗物質最先開始聚集

「現在逐漸得知暗物質在大尺度結構形成時扮演的角色。最早，是暗物質先開始聚集，把普通物質吸引過來的。

宇宙肇始之際，普通物質和暗物質都非常均勻地分布著，只有極微小的密度差異。但由於暗物質的密度差異較大，所以暗物質率先藉由引力的作用開始互相聚集，而普通物質才好像在後頭追趕似地聚集起來。不過，暗物質並沒有藉由本身聚集而孕育出恆星之類的天體。」

宇宙肇始之際的高溫環境中，普通物質受到在宇宙空間四處飛竄的高能量的光（電磁波）妨礙而無法聚集。而暗物質不受光的影響，故能率先開始聚集，形成了由暗物質組成

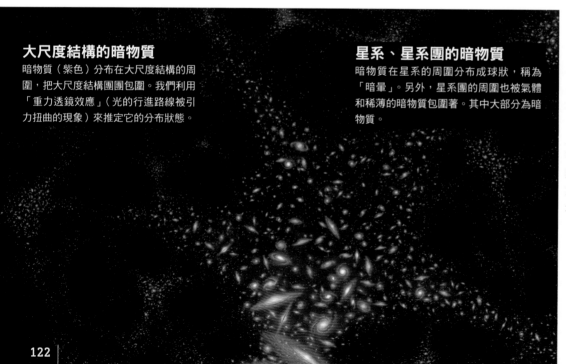

大尺度結構的暗物質
暗物質（紫色）分布在大尺度結構的周圍，把大尺度結構團團包圍。我們利用「重力透鏡效應」（光的行進路線被引力扭曲的現象）來推定它的分布狀態。

星系、星系團的暗物質
暗物質在星系的周圍分布成球狀，稱為「暗暈」。另外，星系團的周圍也被氣體和稀薄的暗物質包圍著。其中大部分為暗物質。

暗物質形成了大尺度結構！
插圖中的紫色部分表示暗物質的分布。暗物質也形成了大尺度結構，星系及星系團都填塞在暗物質的團塊裡面。

暗物質不會與光發生交互作用，所以光會穿越暗物質，導致我們看不到它。但是，現在已經逐漸能夠藉由星系的光之類能看見的物質行為等等，來推定暗物質存在於什麼地方。

普通物質（藍色）

暗物質（紫色）

1. 暗物質（紫色）和普通物質（藍色）在宇宙中均勻地分布著

在初期宇宙中，暗物質和普通物質都非常均勻地分布著。不過，不同地方的密度有著些微的差異。

2. 暗物質（紫色）先開始聚集

暗物質率先藉由彼此的引力而開始聚集。普通物質被暗物質的引力吸引，比暗物質慢一步，也開始聚集。

恆星和星系在暗物質的「搖籃」中誕生

本圖為暗物質和普通物質形成大尺度結構的過程。

剛開始，暗物質和普通物質均勻地分布著（**1**）。接著，暗物質先開始聚集，普通物質也跟著聚集（**2**）。便從普通物質孕育出恆星和星系（**3**）。

3. 普通物質（藍色）聚集，孕育出恆星和星系

普通物質進入暗物質團塊的內部，聚集的密度比暗物質更高。後來在普通物質聚集密度特別高的地方，誕生了恆星和星系，形成了今天這樣的大尺度結構。

的結構。

「普通物質受到率先聚集的暗物質引力所吸引，也開始聚集。普通物質和暗物質不同，它們不斷地聚集起來，進入暗物質的大尺度結構內側。在普通物質高密度聚集的地方，誕生了恆星和星系。就這樣，大尺度結構逐漸成長起來。」

暗物質聚集的密度未能達到足以形成恆星的程度。因為暗物質的粒子無法把運動能量以光（電磁波）的能量形式釋放出去，所以無法充分減速。而普通物質（原子等粒子）會把熱以光的能量形式釋放出去，失去運動能量後便會逐漸減速，所以聚集的密度能夠比暗物質更高。

▋暗物質的本體是什麼？ ▋候選者逐漸聚焦

「暗物質的本體究竟是什麼東西呢？藉由模擬大尺度結構的形成方式，這個謎題正一點

一滴地解開來。」

暗物質不會與光發生交互作用，但它的引力對周圍產生影響的同時，也會受到周圍的引力影響。在以往所發現的各種物質當中，「微中子」這種基本粒子即具備了這種特徵。

「因此，微中子是第一個被懷疑為暗物質的候選者。但是後來就明白了微中子並不是暗物質。」

微中子是非常輕，在宇宙中高速飛行的粒子。粒子以高速飛行，就意謂著「高溫」，所以，如果微中子是暗物質的話，它會是「熱暗物質」（hot dark matter，HDM）。

「科學家將微中子假設成暗物質，進行了電腦模擬。然而根據結果得知，如果微中子是暗物質，則宇宙孕育出星系等小型結構所需要的時間將會太長，便把微中子從候選者行列中剔除了。現在，科學家們偏向認為較重而且尚未發現的基

本粒子，才是暗物質的有力候選者。」

飛得比較慢即代表「低溫」，所以這類型的暗物質也稱為「冷暗物質」（cold dark matter，CDM）。科學家將CDM假設為暗物質，進行了宇宙演化的電腦模擬，結果表示包含星系等小型結構在內的大尺度結構，能夠妥善地形成。順帶一提，CDM的候選者包括已被預言存在的「超對稱粒子」等等。

此外，具有HDM和CDM中間特徵的溫暗物質（worm dark matter，WDM）也正在研議是否列為候選者。

暴脹

為什麼會形成「大尺度結構的種子」？鑰匙掌握在「暴脹」的手中！

科學家認為大尺度結構是由初期宇宙的物質密度濃淡成長而形成。那麼，當初這個密度的濃淡，又是如何產生的呢？

「有人提出了『暴脹理論』這個假說來說明這件事。」

儘管剛誕生的宇宙中空無一物，但是空間中可能充滿了龐大的能量。而由於這個能量，宇宙發生了非常劇烈的急速膨脹，稱為「暴脹」。

「根據微觀世界理論的『量子論』，在微觀的宇宙中，所有的東西都是不均勻的，這個現象稱之為「量子不勻」（quantum fluctuation，量子真空漲落）。暴脹是把理應只在微觀世界中存在的能量不勻（各個地方能量大小的差異），在還來不及均勻化的瞬間，一下子擴大到宇宙的尺度。宇宙空間在 1 兆分之 1×1 兆分之 1×100 億分之 1 秒的時間內，脹大了 1 兆×1 兆×100 萬倍，然後突然停止急速膨脹。」

暴脹結束後，基於空間中充滿能量，物質便產生了。

「在暴脹期間，不同地方的能量大小有著些微的差異。暴脹結束後，便以此為基礎，產生了物質分布濃淡的差別。」

微觀宇宙的「不勻」成了大尺度結構的種子

能以宇宙微波背景輻射形式觀測的初期宇宙，非常地均勻，但有些地方還是會有些微的濃淡差異。這樣的宇宙是如何形成的呢？在眾多假說中，以「暴脹理論」最為有力。

根據暴脹理論，宇宙是從微小的狀態一下子急速膨脹起來的（**1**）。而急速膨脹後的宇宙，由於受到微觀宇宙中些微不勻的影響，產生了密度的濃淡（**2**）。這個密度的濃淡可能就成了大尺度結構的種子（**3**）。

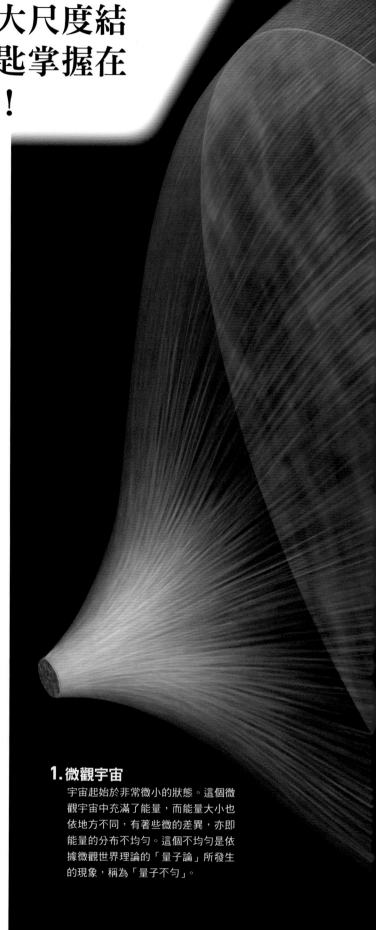

1. 微觀宇宙

宇宙起始於非常微小的狀態。這個微觀宇宙中充滿了能量，而能量大小也依地方不同，有著些微的差異，亦即能量的分布不均勻。這個不均勻是依據微觀世界理論的「量子論」所發生的現象，稱為「量子不勻」。

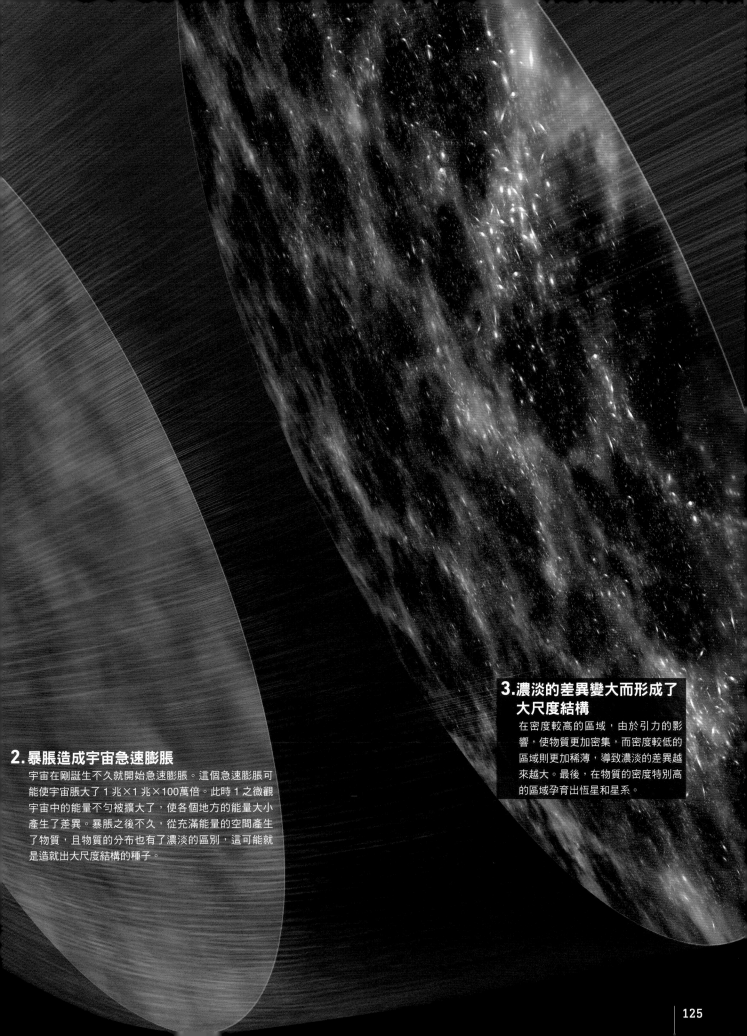

2. 暴脹造成宇宙急速膨脹

宇宙在剛誕生不久就開始急速膨脹。這個急速膨脹可能使宇宙脹大了 1 兆×1 兆×100萬倍。此時 1 之微觀宇宙中的能量不勻被擴大了，使各個地方的能量大小產生了差異。暴脹之後不久，從充滿能量的空間產生了物質，且物質的分布也有了濃淡的區別，這可能就是造就出大尺度結構的種子。

3.濃淡的差異變大而形成了大尺度結構

在密度較高的區域，由於引力的影響，使物質更加密集，而密度較低的區域則更加稀薄，導致濃淡的差異越來越大。最後，在物質的密度特別高的區域孕育出恆星和星系。

大尺度結構的精密觀測 揭露了暗能量的性質！

「宇宙將來會變成什麼樣子呢？關於這件事，或許可以藉由大尺度結構的詳細觀測而窺知一二。」

為什麼觀測大尺度結構可以了解宇宙的未來呢？

「宇宙的未來會變成什麼樣子，和『暗能量』有關。暗能量是促使宇宙加速膨脹而本體不明的能量。詳細觀測大尺度結構，可以了解暗能量在過去對它的形成過程產生了何種影響。若能藉此了解暗能量的性質，或許便能預測宇宙的未來。」

宇宙是如何 膨脹起來的呢？

宇宙的歷史軌跡如下所述。宇宙在剛誕生不久就發生暴脹而急速膨脹。這個急速膨脹結束之後，宇宙便開始「減速膨脹」。也就是說，雖然還在持續膨脹，但它的膨脹速度漸漸地慢下來了。減速膨脹可能一直持續到宇宙誕生約80億年後，也就是距今大約60億年前。當時的宇宙大小只有現今宇宙的6成左右。

從這個時候開始，宇宙的膨脹速度又會開始增加，也就是轉為「加速膨脹」。直到今天，宇宙仍然在加速膨脹之中。

此項結論，在1998～1999年分別由珀爾穆特（Saul Perlmutter，1959～）的團隊，和施密特（Brian Paul Schmidt，1967～）與黎斯（Adam Guy Riess，1969～）的團隊，各自獨立觀測大量遙遠（古老）的超新星而加以確定。超新星是指恆星發生大爆炸時，放出的強光亮度可與一個星系匹敵的現象。這三位因為這項成果，獲頒2011年度諾貝爾物理學獎。

促使宇宙加速膨脹 的「暗能量」

為什麼宇宙會開始加速膨脹呢？科學家們做了如下的說明。

「宇宙裡原本就充滿了本體不明的暗能量，而暗能量則會促使宇宙加速膨脹。另一方面，物質彼此之間具有引力作用，也會促使宇宙減速膨脹。

在宇宙肇始之時，物質以高密度的形式存在，減速膨脹的效果較具優勢。因此，膨脹速度會持續變慢。

不過，雖然膨脹速度變慢，但仍在膨脹中，所以物質會變得越來越稀薄，導致在物質之間作用的引力影響逐漸減弱。終於有一天，暗能量的效果占了上風，促使宇宙開始加速膨脹。」

暗物質和普通物質一樣，以整體宇宙來看，會隨著宇宙的膨脹而變得越來越稀薄。而暗能量則可能在宇宙中均勻分布，且不會隨著宇宙的膨脹而變得稀薄。因此，即使宇宙膨脹，物質越來越稀薄，但暗能量促使加

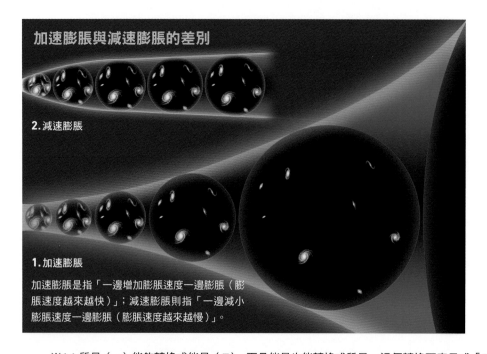

加速膨脹與減速膨脹的差別

2. 減速膨脹

1. 加速膨脹

加速膨脹是指「一邊增加膨脹速度一邊膨脹（膨脹速度越來越快）」；減速膨脹則指「一邊減小膨脹速度一邊膨脹（膨脹速度越來越慢）」。

※1：質量（m）能夠轉換成能量（E），而且能量也能轉換成質量。這個轉換可表示成「$E=mc^2$」。

速膨脹的效果並未減弱，因此宇宙繼續加速膨脹。

可將物質的質量換算成能量來考量[1]。如果把宇宙裡存在的物質換算為能量，再和暗能量做個比較，則暗能量占了69％，另外有26％為暗物質，5％為普通物質[2]。也就是說，事實上宇宙的95％是由迄今尚且身分不明的東西所構成。

暗能量會把所有東西都撕裂！？

「剛才說到主張60億年前開始加速膨脹的理論，是假設暗能量完全不會發生變化的情況。由於我們還沒對古老宇宙（遙遠宇宙）進行大範圍的觀測，所以無法確定宇宙是否真的在60億年前開始轉為加速膨脹。

如果暗能量並非固定，而是會發生變化的話，或許對宇宙未來的看法會有很大的不同吧！

舉例來說，若暗能量變大，膨脹速度將會比現在更快。這麼一來，把宇宙空間擴張開來的作用就會占優勢，導致大尺度結構不會再進一步成長。終有一天會因為膨脹的關係，星系團逐漸潰散，接著星系也逐漸潰散……，像這樣，從大型結構開始瓦解。甚至有人認為，如果加速膨脹繼續進行的話，則恆星也好，生物也好，最後甚至連原子也會被撕裂。」

這個預測所有東西都會被撕裂的理論，稱為「大撕裂」（Big Rip）。

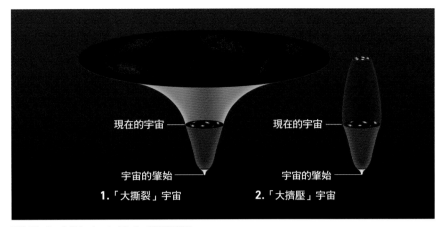

關於宇宙的未來的各種預測

對於宇宙的未來會變成什麼模樣，科學家提出了各式各樣的預測。其中最極端的兩個預測是「大撕裂」和「大擠壓」。

在大撕裂的預測中，認為暗能量將來會變大。這麼一來，會大幅增加膨脹的速度，星系、恆星甚至連原子，都會因極度膨脹而被撕裂開來（**1**）。

相反地，在大擠壓的預測中，認為暗能量將來會變小。宇宙會開始收縮，最後整個宇宙會凝聚成一個點而塌陷（**2**）。

暗能量如果減弱，宇宙將會塌縮！？

「相反地，假設暗能量變小，這麼一來在物質之間作用的引力就會占優勢，會使宇宙從加速膨脹轉為減速膨脹。一旦物質的密度變得比『臨界值』這個值更大後，宇宙便會停止膨脹，開始轉為收縮。最後，整個宇宙也有可能會縮聚於一個點而塌縮。」

這個主張宇宙裡的所有東西會凝聚於一個點而塌縮的理論，稱為「大擠壓」（Big Crunch）。

觀測大尺度結構以便探索暗能量的性質

「為了探索暗能量的本體，目前有兩項與大尺度結構有關的觀測計畫正在進行中。其中一項是『重力透鏡的觀測』，另一個是『重子聲學振盪』（Baryon Acoustic Oscillations，BAO）的觀測。」

觀看遙遠的宇宙，便能看到古老的宇宙。而對古老宇宙做廣範圍且詳細的觀測，又能使我們了解宇宙膨脹的歷史。這麼一來，我們就能夠得知暗能量一直以來是如何地對宇宙發揮作用，能藉此了解它的性質。

例如，日本東京大學科維理宇宙物理學與數學研究所（Kavli IPMU）的昴星望遠鏡觀測影像與紅移（Subaru Measurement of Images and Redshift，SuMiRe）計畫，預定使用位於夏威夷的昴星望遠鏡，觀測約400萬個遙遠的星系。

另外，也可依據星系形狀的扭曲狀況，調查「重力透鏡效應」（詳見第122～123頁）帶來的影響程度，並弄清楚暗能量的分布。由此獲得暗能量及星系分布隨時間變遷的情形，可用來推定各

※2：5％普通物質中的能量，絕大部分來自氣體，僅有0.2％來自製造成恆星的物質。

個時代的暗能量影響。此外，歐洲太空總署也預定在2022年發射專門用來觀測大尺度結構的天文衛星歐幾里德號（Euclid）。

把星系的分布做為「標準尺」

第二項計畫「重子聲學振盪的觀測」是在宇宙任何一個時代都能適用的「標準尺」，可使用這個「標準尺」來測量宇宙的大小，以求了解宇宙是如何膨脹起來的。例如，當我們想要知道遠方的汽車距離多遠時，只要預先知道汽車的大小，就能從目視的大小求出汽車的距離。「重子聲學振盪的觀測」就是採用與此類似的方法，測量「標準尺」與我們的距離（參照下方插圖）。

初期宇宙的物質大致均勻分布，但仍有些區域的密度較高、有些區域的密度較低（參照第124～125頁）。其後，密度的濃淡會像漣漪在池塘中傳播開般，以音波的形式在宇宙中傳送。這個現象稱為「重子聲學振盪」。這些密度較高的區域會誕生較多的星系，所以在各個時代的星系分布上，會殘留著它的痕跡。而初期宇宙時期的物質密度，其「漣漪」便會以星系分布的「漣漪」（重子聲學振盪）形式一直殘留到今天。依據理論推估，這個漣漪的尺寸（波長），現在應該約為4.9億光年。

觀測時先適當地挑選星系，再調查其周邊是否有某些地方的星系分布數量比平均數量多。實際上，史隆數位巡天（SDSS）已經在有點距離的地方（在夜空上是以角度表示），發現了該處星系分布的數量明顯比平均數量稍微多一點，亦即發現了重子聲學振盪的漣漪。從標的星系到該地的距離約為4.9億光年。由於我們知道觀測到的目視角度，約對應於4.9億光年，所以能夠依此決定地球到那裡的距離。

另一方面，從遙遠星系傳來的光，會受到宇宙膨脹的影響，導致波長拉長。這相當於光往紅色的部分偏移，所以稱為「紅移」。測量紅移便可得知該星系發出光時，其時間點的宇宙大小（和現在的宇宙比起來小多少）。

由星系分布測定出的重子聲學振盪，可以求得紅移和距離的關係。把這個方法反覆運用在不同距離的星系上，便能得知宇宙的大小隨著時間如何演變，進而探究暗能量的性質。

「詳細觀測大尺度結構（星系的分布），可以幫助我們解答暗物質、暗能量等宇宙論的大謎題。」

引力的定律在100年前被改寫過

「如果歷史會重複的話，則由於觀測到加速膨脹，愛因斯坦的廣義相對論或許會被新的引力理論所取代。」

「歷史會重複」是什麼意思呢？

「牛頓發現了萬有引力定律，闡明蘋果落地和夜空行星都是依循相同的運動定律。19世紀上半葉詳細觀測太陽系的行星後，藉由牛頓力學分析行星的運動，並預言了未知行星的存在。這個未知行星在1846年真的被發現了，命名為『海王星』。

天文學家們在嘗到這次成功的滋味之後，接著把目光投到水星上。水星在公轉到最靠近太陽時，它的行為似乎有點奇怪，水星軌道會產生偏離，這種現象稱為『近日點進動』。會不會是該處有未知的行星存在，影響了水星的運動呢？於是如同發現海王星時的情況一樣，預言有一個名為『祝融星』（Vulcan）的行星存在。因為當時認為有看不到的行星『暗行星』（dark planet）存在。

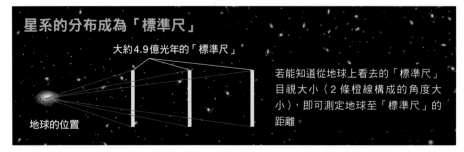

星系的分布成為「標準尺」

大約4.9億光年的「標準尺」

地球的位置

若能知道從地球上看去的「標準尺」目視大小（2條橙線構成的角度大小），即可測定地球至「標準尺」的距離。

在宇宙的任何角落，星系的分布都有其共同特徵。依據這個特徵去分析遙遠星系的分布，可以得知在該區域，「從某地到某地的距離為大約4.9億光年」，也就是說，可以得到「大約4.9億光年的標準尺」。測量從地球上看去的這個「標準尺」目視大小，便能夠求出地球到這個「標準尺」所在之處的距離。

但無論科學家們多麼努力，始終找不到這樣的行星。在這段期間，愛因斯坦根據廣義相對論圓滿地說明了水星的行為。這是因為『太陽的引力把其周圍的空間扭曲了，所以當水星進入這個扭曲的空間時，軌道便會偏離牛頓的理論』。在類似太陽附近這樣引力非常強大的地方，會發生偏離牛頓萬有引力定律的現象。」

對牛頓力學無法說明的事情，硬要用牛頓力學去解釋，才會衍生出實際上並不存在的「暗行星」。因此若對無法用既有理論圓滿說明的現象，仍企圖利用既有理論去說明，就有可能做出奇妙的結論。

宇宙的加速膨脹會改寫引力的定律嗎？

「現在要來談廣義相對論了。如果要運用廣義相對論來說明宇宙的加速膨脹，必須導入本體不明的暗能量才能圓滿說明。

事實上也有許多天文學家認為『並沒有這種類似暗行星的東西存在』。宇宙的加速膨脹是無法運用廣義相對論加以圓滿說明的現象，這使得廣義相對論面臨修正。於是，科學家們提出了各種『修正引力理論』。」

暗能量是像海王星一樣實際存在呢？還是像祝融星一樣實際上並不存在呢？為了確定這件事，必須獲取許多觀測事實來篩選出正確的理論才行。

「有許多種方法可以調查

解說大尺度結構及宇宙微波背景輻射的杉山直博士。

宇宙膨脹的變遷，例如珀爾穆特博士的超新星觀測、運用重力透鏡效應的大尺度結構觀測、重子聲學振盪的觀測等等。希望綜合這些觀測結果，首先能夠弄清楚暗能量是否存在，以及是否必須把修正廣義相對論的『修正引力理論』納入考量。

再者，假設暗能量實際上真的存在，但它不會隨著時間而變化的話，那麼在廣義相對論的框架內，只要在『愛因斯坦方程式』的式子裡加上一個『項』就行了。事實上在100年前，愛因斯坦

本人就曾經在這個式子裡加上這個項，並稱之為『宇宙項』。不過若暗能量會隨著時間而變化，這就表示有一個非常奇妙的『場域』存在。就會非常有趣了！」

牛頓的萬有引力定律大約在100年前，由於水星的觀測而被愛因斯坦的廣義相對論所取代。如果歷史會重複的話，在100年後的今天，或許我們又來到了掌握新引力理論線索的時刻。🪐

搜尋地球外智慧生物！

當你仰望群星閃爍的夜空時，是不是會興起這樣的念頭：「會不會在宇宙某個遙遠的地方，有著和我們一樣的智慧生物（外星人）存在呢？」搜尋這樣的智慧生物，並且試圖和他們取得聯繫，這種乍看下是科幻故事裡的情節，其實正在世界各地上演中。

本章將介紹科學家正在戮力進行的研究，如偵測地球外智慧生物痕跡的計畫、釐清高度文明在宇宙中存在可能性的計算方法、前往遙遠宇宙旅行的方法、與智慧生物取得聯繫的方法等最新資訊。

協助　鳴澤真也／田村元秀／山岸明彥／福江 純／小紫公也／原田知廣

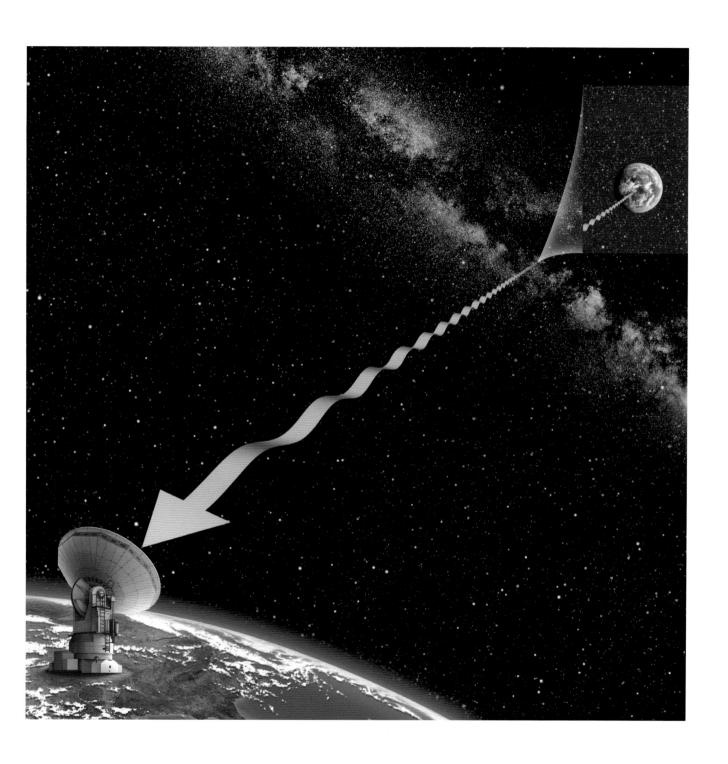

搜尋地球外智慧生物！

PART 1
搜尋外星人

當今最受注目的地球外智慧生物搜尋

自1960年代起，科學家們就實際舉起望遠鏡朝向宇宙，嘗試搜尋地球外的智慧生物。但宇宙如此遼闊，群星這般遙遠，根本無法直接看到它們的面貌。究竟要如何搜尋他們的蹤跡呢？

在 PART 1 先來介紹全球各地正在如火如荼進行的各種地球外智慧生物搜尋計畫吧！

協助
鳴澤真也 日本兵庫縣立大學西播磨天文台天文科學專員

與地球外智慧生物的邂逅
1977年上映的電影《第三類接觸》（*Close Encounters of the Third Kind*）場景之一。在浩瀚宇宙的某個地方，可能有智慧生物存在。

史上最大規模的
外星人搜尋開始了

2015年7月，史上最大規模的外星人搜尋計畫「突破聆聽」（Breakthrough Listen）公諸於世。這項宏大的計畫將探測鄰近地球的100萬顆恆星，以及銀河系外的100個星系，試圖搜尋外星人，亦即「地球外智慧生物」存在的證據。

這項計畫由俄羅斯投資家米爾納（Yuri Milner，1961～）設立的基金提供1億美元（約30億新台幣）的資金。天才物理學家霍金（Stephen William Hawking，1942～2018）等多位著名科學家紛紛表明支持這項計畫。

使用全球名列前茅的望遠鏡進行搜尋

我們人類會使用電視及行動電話等機器，利用無線電波互相交換資訊。如果地球外智慧生物存在的話，他們必定也會和我們一樣，利用電波進行通訊吧！因此，他們或許會利用電波朝地球的方向發送訊息。「地球外智慧生物搜尋」（Search for Extra-Terrestrial Intelligence，SETI）這項搜尋地球外文明的計畫，就是試圖偵測這樣的訊號，以求掌握這個宇宙的某個角落可能有地球外智慧生物存在的證據。突破聆聽就是打算以空前的盛大規模來進行這項SETI計畫。

突破聆聽從2016年1月開始探察。左頁的相片為美國的「綠堤電波望遠鏡」（Green Bank Telescope，GBT），是用來施行探察的電波望遠鏡之一。GBT是世界最大的可動式（能夠移動天線朝向目標天體）電波望遠鏡，拋物面天線的直徑長達100公尺左右。

除此之外，還使用位於澳洲的直徑64公尺「帕克斯電波望遠鏡」（Parkes Radio Telescope）進行觀測、使用美國利克天文台（Lick Observatory）的光學望遠鏡「自動行星搜尋者望遠鏡」（Automated Planet Finder Telescope，APF）偵測雷射光的觀測[1]等等。此外，中國於2016年10月啟用的世界最大固定式電波望遠鏡「FAST」，直徑達500公尺，也加入了「突破聆聽」計畫，2018年安裝並調試了專門用於地外文明搜索的後端設備，2019年4月22日完成驗收，正式提供服務。這些全世界名列前茅的望遠鏡，原本是用來進行各式各樣的天文觀測，也把許多觀測時間花在「突破聆聽」的任務上，進行長達10年的探察工作。

這項搜尋計畫所獲得的資料十分龐大。想要分析其中是否含有地球外智慧生物傳來的訊號，也是一項非常艱鉅的作業。因此，「突破聆聽」把這個龐大的資料向大眾公開，讓全球的研究人員也可以進行分析。此外並推行「SETI@home」[2]計畫，讓全球的電腦都能透過網際網路分擔資料分析的作業。即使是一般民眾，也能下載專用軟體，在自己不使用電腦的時間參與分析。

※1：關於雷射光的觀測，詳情請見第140～141頁。
※2：SETI@home　http://setiathome.berkeley.edu/

綠堤電波望遠鏡
左邊相片為世界最大的可動式電波望遠鏡，反射面（反射從宇宙傳來的無線電波的鏡面）的直徑達100公尺。試圖用這架巨大的望遠鏡捕捉地球外智慧生物傳來的無線電波。

舉行記者會的米爾納和霍金博士
下方相片為2015年7月20日在倫敦舉行計畫發表記者會的場景。左邊人物為俄羅斯投資家米爾納，右邊人物為已故的著名物理學家霍金博士。

傾聽哪個「頻道」才能接收到外星人的通訊？

雖說要偵測無線電波以便搜尋地球外智慧生物，但若無線電波的「頻率」（振動數）不符合，就無法偵測到訊號。頻率是指無線電波每1秒鐘振動的次數，單位為「赫茲」（Hz）。1Hz表示1秒鐘振動1次。在搜尋地球外智慧生物的時候，這個頻率也是一大關鍵。

電視機可藉由切換「頻道」收看不同電視台播放的節目，這個「切換頻道」即「改變要接收的無線電波頻率」，因為各家電視台把不同的資訊（節目內容），以不同頻率的無線電波發送出來。

同樣地，如果要接收地球外智慧生物傳來的無線電波，就必須利用他們用來發訊的無線電波頻率來進行觀測才行。如果觀測的無線電波頻率是他們沒有在使用的「頻道」，就會什麼訊息也接收不到。那麼，他們究竟會利用什麼頻率來發送訊息呢？

氫原子放出的無線電波的頻率是最有可能的候選者

在1959年的時候，義大利物理學家柯可尼（Giuseppe Cocconi，1914～2008）和美國物理學家莫里森（Philip Morrison，1915～2005）主張，如果要搜尋地球外智慧生物，只須觀測「1.42GHz[※]」的無線電波就行了。而由於這個無線電波的波長為21公分，也稱「21公分線」。

這個無線電波由氫原子（H）所放出。氫原子是最基本的元素，也是宇宙中含量最豐富的元素，所以氫原子放出的這個頻率，是最能普遍偵測到的特定頻率。因此，柯可尼博士等人認為若真有地球外智慧生物存在，他們或許會利用這個頻率的無線電波，向其他行星發送訊息。

※：GHz為吉赫（gigahertz），即10億赫茲。

傾聽 1.42GHz 的無線電波

SETI對1.42GHz的無線電波施行了詳細的觀測。全世界能夠把最強力的無線電波朝宇宙發送的機器，當屬位於南美洲波多黎各的阿雷西博天文台（Arecibo Observatory）裝設的口徑305公尺巨大天線（發訊時的口徑為280公尺）。如果地球外智慧生物也使用這樣的發訊機器發送無線電波，即使他們遠在數千光年之外，我們在地球上也能利用現在的技術接收到。

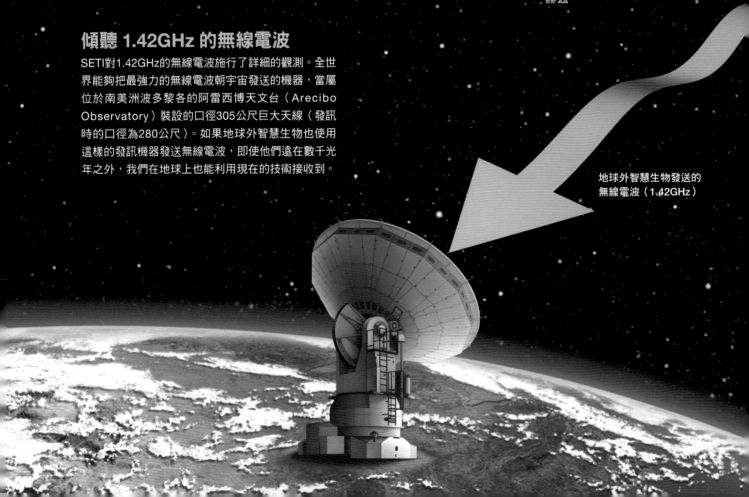

地球外智慧生物發送的無線電波（1.42GHz）

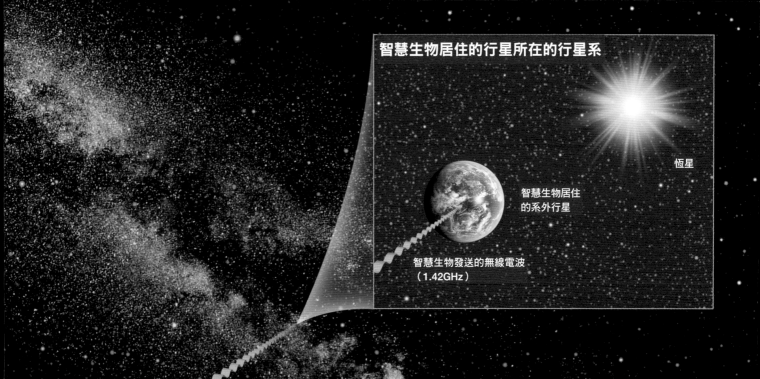

智慧生物居住的行星所在的行星系

恆星

智慧生物居住
的系外行星

智慧生物發送的無線電波
（1.42GHz）

外星人或許會使用的「魔法頻率」

要在地球上探測地球外智慧生物傳來的無線電波時，1～10GHz的範圍最為合適。因為這個頻帶十分「安靜」，比較沒有會成為「雜訊」的多餘電磁波。宇宙中充滿了各種頻率的電磁波，尤其是在1GHz左右以下的頻帶，頻率越小則電磁波強度越強。相反地，頻率大於10GHz的頻帶，無線電波容易被地球大氣中的氧及水蒸氣等吸收，不容易在地面上觀測到。

1.42GHz剛好位於這個1～10GHz的範圍內。除此之外，由一個氫原子和一個氧原子結合而成的氫氧基（OH）所放出的1.665GHz和1.667GHz，也受到注意。H和OH如果結合會形成H_2O（水），所以這個1.42GHz～1.667GHz的頻率範圍也稱為「水坑」（water hole）。

SETI有時也會利用這些頻率的整數倍、π（圓周率，3.14……）倍等做為觀測的頻道。諸如此類我們所期待地球外智慧生物會利用的頻率，稱為「魔法頻率」（Magic Frequency）。

1977年曾經偵測到地球外文明傳來的訊息！？

美國天文學家德雷克（Frank Donald Drake，1930～）是全世界第一位進行SETI的人。德雷克博士於1960年使用綠堤天文台的口徑26公尺電波望遠鏡，傾聽天倉五（鯨魚座τ星）和天苑四（波江座ε星）傳來的無線電波。這項觀測稱為「奧茲瑪計畫」（Project Ozma）。很遺憾的是，奧茲瑪計畫始終未能偵測到地球外智慧生物傳來的訊號。

迄今依然議論紛紛的謎樣訊號

在SETI史上最有名的事件當屬「Wow！訊號」（Wow! Signal）吧！某天美國電波天文學家埃曼（Jerry R. Ehman）在分析美國俄亥俄州立大學的無線電波望遠鏡「大耳朵」（Big Ear）所蒐集到的資料紀錄時，發現1977年8月15日的記錄紙上記錄著強烈的無線電波。埃曼博士把顯示無線電波強度的「6EQUJ5」這6個字用紅線圈起來，並在空白的地方寫了「Wow！」，這就是所謂「Wow！訊號」。

大耳朵在接收到無線電波的時候，朝著人馬座的方向，強烈無線電波持續了72秒的時間。這個72秒的時間具有重大意義。大耳朵是固定於地面的電波望遠鏡，無法把天線自由地變換方向。因此，它觀測的空域是隨著地球的自轉而移動。從某個天體發出的無線電波，從進入天線到由於地球自轉而跑出天線所經過的時間，剛好是72秒。也就是說，這不是地球上的飛機等物體發出的無線電波，而是從地球外面的遙遠之處傳來的。

此外，當時觀測的頻道（頻帶）多達50個，卻只有其中一個留下了紀錄。這代表接收到的是頻寬非常狹窄（10kHz以下）的無線電波。自然現象和天文現象所產生的無線電波，頻率通常具有某個程度的寬度，幾乎不會只在這麼狹窄的頻寬中如此強烈。

基於以上種種理由，可以斷言Wow！訊號是「非常奇怪的電波」。

不過後來儘管使用了各式各樣的望遠鏡對同一個區域進行觀測，卻再也無法接收到同樣的電磁波。參與SETI至少10年的日本兵庫縣立大學西播磨天文台鳴澤真也博士說：「即使如此，Wow！訊號仍是個非常有趣的訊號。未來的SETI應該也會對這個區域做重點式的觀測吧！」這個迄今依然議論紛紛的「Wow！訊號」，到底會不會是地球外智慧生物傳來的訊息呢？

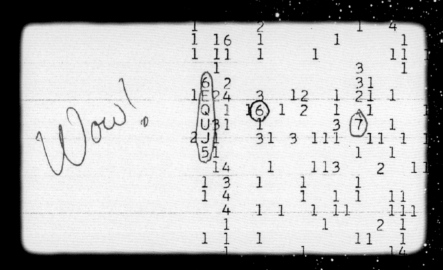

Wow！訊號
偵測到強烈無線電波之際的記錄紙。縱向由上往下表示時間的經過，橫向表示不同的頻道（頻帶）。無線電波的強度以數字及字母表示。數字越大表示訊號的強度越大，超過9則以A、B、C……等字母表示。在圖像中央，可以看到用紅線圈起來的「6EQUJ5」這列訊號。埃曼博士發現了這列訊號，並在空白處寫了「Wow！」

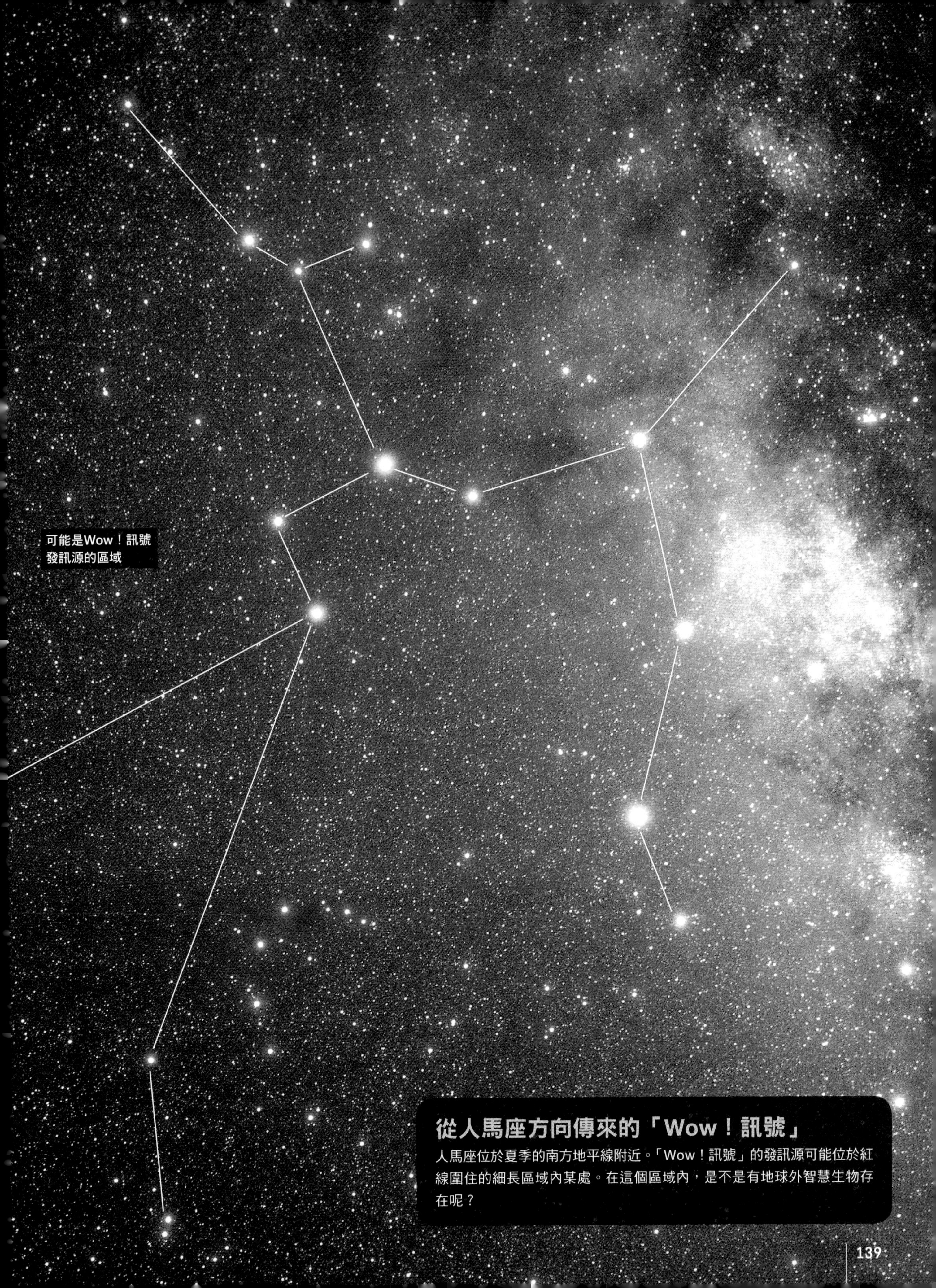

可能是Wow！訊號
發訊源的區域

從人馬座方向傳來的「Wow！訊號」

人馬座位於夏季的南方地平線附近。「Wow！訊號」的發訊源可能位於紅線圍住的細長區域內某處。在這個區域內，是不是有地球外智慧生物存在呢？

地球外文明或許會使用雷射發送訊息

如果是文明比我們更進步的地球外智慧生物，有些或許會飛出自己居住的行星，移民到其他行星，接著或許就有需要做行星之間的通訊。他們一定會想辦法在越短的時間內傳送越多的資訊。此時，利用可見光進行通訊，會比利用無線電波更適合，因為可見光的頻率比無線電波還要高。而頻率較高，意即每秒鐘振動的次數比較多，便能載送比較多的資訊。

若要用可見光進行星際超長距離通訊，必須設法使發出的可見光盡量不要擴散開來。而「雷射光」正好能滿足這個需求。雷射光和普通的光不一樣，是幾乎不會擴散而能筆直前進的單色光（具有單一頻率的電磁波）。利用這種雷射光來進行通訊，比無線電波更能在短時間內收發大量的資訊。

「OSETI」偵測到地球外文明發出的雷射光

雷射的機制是美國物理學家湯斯（Charles Hard Townes，1915～2015）於1958年發表的構想。後來，湯斯博士與美國物理學家史瓦茲（Robert Schwartz）共同發表了地球以外的智慧生物會不會利用雷射光朝地球發送訊息的想法。在1961年的科學期刊《*Nature*》上發表的論文，提出了在地面上接收地球外智慧生物傳來雷射光的可能性。這種使用光學望遠鏡偵測雷射光的嘗試，稱為「OSETI」（Optical SETI，光學SETI）。

若要進行星際通訊，就需要強力的雷射光。雷射光最多能抵達多遠呢？全世界現有最強的雷射光產生裝置，是日本大阪大學雷射能量學研究中心的「快速點火實驗雷射LFEX發射器」（Laser for Fast Ignition Experiments projector），能發出2000兆瓦特的超高功率雷射光[※]。一般會議簡報中用來指示螢幕畫面的雷射筆，只有1000分之1瓦特而已。由此可知這個裝置的功率是多麼強大。如果地球外智慧生物放射出和這個雷射光產生裝置同等輸出的直徑10公尺雷射光，那麼即使是從遠達1000光年的行星上發送過來，我們在地球上也能偵測得到。

前面介紹過的「突破聆聽」，使用美國利克天文台的「自動行星搜尋者望遠鏡」進行OSETI；日本的西播磨天文台於2005年9月7日也展開了日本首次的OSETI，到2009年11月為止總共觀測了56個夜晚。

鳴澤博士說：「OSETI能夠使用比較小型的望遠鏡來進行，且成本更低，所以最近進行OSETI的研究團隊逐漸增加。全體的SETI研究可能有將近一半是OSETI吧！」

※：不過，發射時間（脈寬）非常短暫，只有1皮秒（1兆分之1秒）。

地球上的光學望遠鏡

智慧生物居住的行星

地球外智慧生物彼此之間
利用雷射光進行星際通訊

智慧生物居
住的行星

朝地球發出的雷射光

偵測從地球外智慧生物傳來的雷射光

雷射光雖然直進性極高，但如果從非常遙遠的行星傳來，也是會擴散並減弱。假設有一架座
落於1000光年遠處的口徑10公尺雷射光產生裝置，朝地球發出波長 1 微米的雷射光（紅外
線），那麼在傳到地球上時，它的擴散範圍將達到太陽與地球間距離（ 1 億5000萬公里）的 6
倍。但即便如此，仍有可能分辨出這道雷射光和恆星的光，進而偵測出來。

搜尋智慧生物廢棄的「核廢料」痕跡吧！

前 頁一直在介紹偵測地球外智慧生物主動傳來訊號的方法。但是，誰也無法確定地球外智慧生物會不會特意朝地球發送訊號。那有沒有其他的探索方法呢？有一個方法，就是搜尋自然界中幾乎不存在的物質大量集中的場所。

氚（三重氫）這種原子（氫的同位素）在自然界中幾乎不存在，必須以人工方式利用核反應器或氫彈製造出來。如果在某個地方有這種原子大量集中的話，表示那裡可能有懂得利用核能的地球外智慧生物存在。已知氚會放出1.516GHz的無線電波，所以已經有一些科學家，針對這個頻率的無線電波在進行觀測。

在恆星的光裡，尋找被拋棄的核廢料證據

如果有懂得利用核能的文明存在，那他們也會和我們人類一樣，必須考慮如何處理核廢料。我們目前也正面臨著核能發電所產生的核廢料，應該如何妥當處理的問題。例如把核廢料長期埋藏在具有堅硬岩盤的地底深處。

美國天文學家霍伊邁亞（Daniel P. Whitmire）和萊特（David P. Wright）指出，如果地球外智慧生物擁有的文明比我們進步，那他們可能會把核廢料投棄到自己行星所繞轉的恆星（以地球來說，就是太陽），就能完全解決這個問題了。投棄到恆星之後，核廢料所含的放射性物質中，鈾233和鈽239會發生分裂而轉變成其他元素，其中，就包括鐠和釹。這些元素通常在恆星中含量極少。因此，調查恆星的光，如果發現其中含有大量的鐠和釹，或許可做為地球外智慧生物把核廢料投棄到恆星的證據。

把核廢料投棄到恆星？

地球外智慧生物當中，一定有懂得利用核能的種族吧。如果是擁有高度文明的種族，說不定會把核廢料投棄到自己行星所繞轉的恆星（以地球來說，就是太陽）。

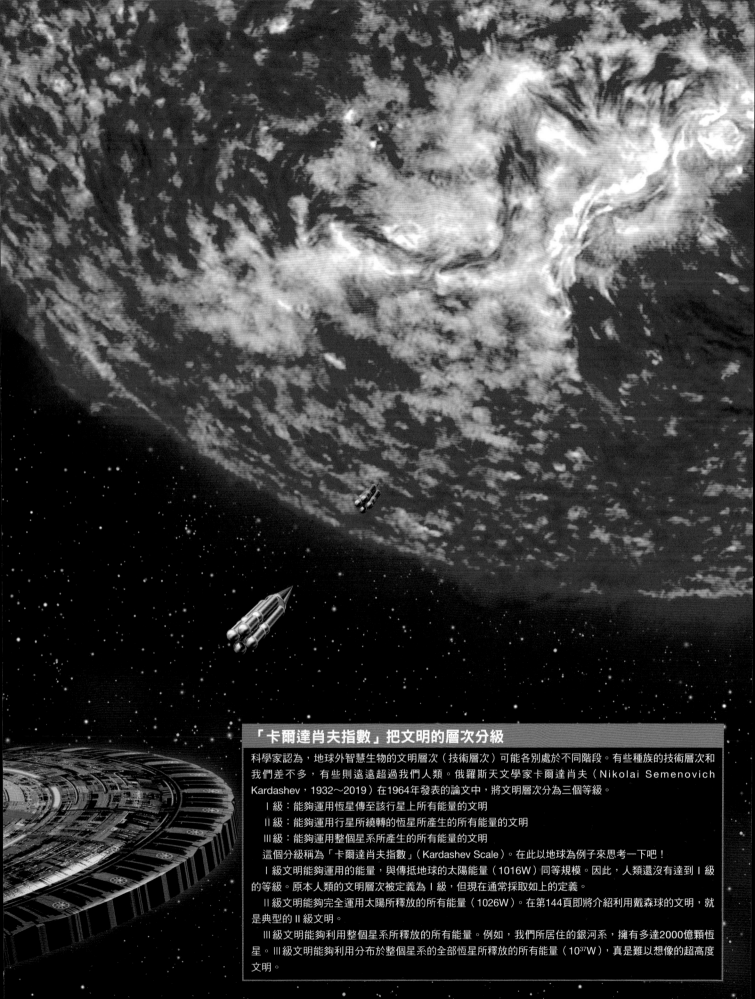

「卡爾達肖夫指數」把文明的層次分級

科學家認為，地球外智慧生物的文明層次（技術層次）可能各別處於不同階段。有些種族的技術層次和我們差不多，有些則遠遠超過我們人類。俄羅斯天文學家卡爾達肖夫（Nikolai Semenovich Kardashev，1932～2019）在1964年發表的論文中，將文明層次分為三個等級。

I級：能夠運用恆星傳至該行星上所有能量的文明
II級：能夠運用行星所繞轉的恆星所產生的所有能量的文明
III級：能夠運用整個星系所產生的所有能量的文明

這個分級稱為「卡爾達肖夫指數」（Kardashev Scale）。在此以地球為例子來思考一下吧！

I級文明能夠運用的能量，與傳抵地球的太陽能量（1016W）同等規模。因此，人類還沒有達到 I 級的等級。原本人類的文明層次被定義為 I 級，但現在通常採取如上的定義。

II級文明能夠完全運用太陽所釋放的所有能量（1026W）。在第144頁即將介紹利用戴森球的文明，就是典型的 II 級文明。

III級文明能夠利用整個星系所釋放的所有能量。例如，我們所居住的銀河系，擁有多達2000億顆恆星。III級文明能夠利用分布於整個星系的全部恆星所釋放的所有能量（10³⁷W），真是難以想像的超高度文明。

超高度文明會建造超巨大結構物
來充分運用恆星的光能嗎？

眾多科學家都在探索地球外智慧生物的活動痕跡。1960年，美國物理學家戴森（Freeman John Dyson，1923～2020）發表了一項劃時代的構想：「我們所要探索的天體，應是所放出紅外線的強度，要和恆星的光能強度同等級的。」這項構想究竟是怎麼一回事呢？

本頁插圖是在恆星周圍設置無數片平板，建造一座把整顆恆星包覆起來的球狀超巨大結構物。這座超乎想像的結構物稱為「戴森球」（Dyson Sphere），是為了接收恆星全部的光，以便利用它的全部能量而建造的。所擁有的高度技術遠遠超過人類的智慧生物，或許會建造這樣的結構物。平板的外側面受到加熱而放射出紅外線，它的強度可能與中心恆星的光強度相同。戴森博士認為，如果能發現這種紅外線，或許就能成為地球外智慧生物存在的證據。

發現疑似戴森球的天體了？

從1980年起開始嘗試探索戴森球。日本的天文學家壽岳潤博士等人也在1991年加入觀測的行列。

於2015年發現了一個疑似戴森球的天體，引起廣泛的討論。這個天體就是位於天鵝座方向上，距離地球1480光年的恆星「KIC 8462852」。這顆恆星的光在2011年至2013年期間，非常不規則地變暗。在做過詳細的分析之後，認為很難以繞著這顆恆星運轉的行星或彗星等天體遮住了恆星，來解釋它不規則變暗的原因。因此，會不會是戴森球之類巨大結構物的一部分把恆星的光遮住了呢？當時掀起了很熱烈的討論，但是眾說紛紜，莫衷一是。後來，專家之間逐漸傾向於否定人造巨大結構物的說法。不過我們倒是非常期待，在浩瀚宇宙中的某個角落，或許真的有這樣的東西存在呢！🪐

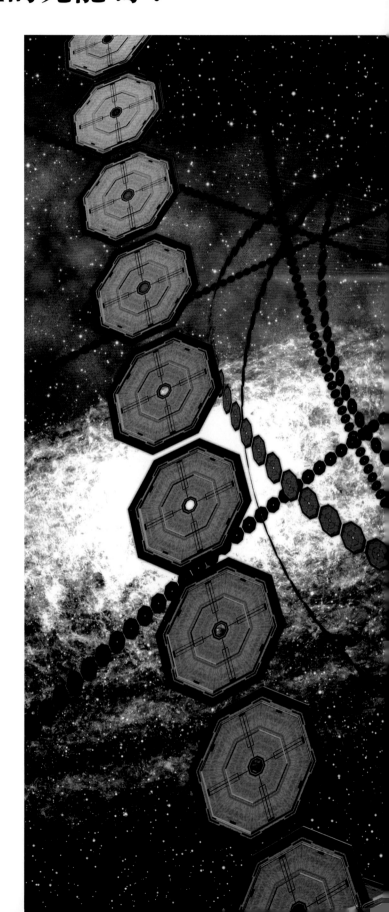

包覆在恆星周圍的戴森球

如果真的造出了戴森球，它應該不會是個密不透風的完
整球殼。若是完整的球殼，要如何保持恆星始終位於球
殼的中心，會有力學上相當困難等諸多問題，恆星終究
會撞上球殼。因此，實際的戴森球或許會是無數片平板
繞著恆星公轉的造型。像這種沒有完全包覆恆星的戴森
球，稱為「不完全戴森球」（Partial Dyson Sphere）。

PART 2

外星人有多少？

推估一下我們居住的星系有多少外星文明存在吧！

近年來在太陽系外發現了許多行星，其中不乏可能與我們地球相似的行星。宇宙中似乎有許多行星具備了能夠孕育生命的條件。那麼，是不是也會有很多和我們人類一樣的智慧生物（外星人）呢？

在PART 2將以科學的方法來思考，這個宇宙中可能會有多少個外星文明存在。

協助
田村元秀 日本自然科學研究機構天體生物學中心主任
山岸明彥 日本東京藥科大學生命科學部名譽教授

正在寫出推算外星文明數量公式的德雷克博士

美國天文學家。1960年推行「奧茲瑪計畫」，成為全世界第一位把電波望遠鏡朝向宇宙，搜尋地球外智慧生物傳來訊號的人。第二年（1961年）提出「德雷克方程式」，用來估算能夠利用電波進行通訊的文明數量。

德雷克提出的「估算外星文明數量的公式」是什麼？

全球在1960年的時候，首次進行地球外智慧生物搜尋（SETI）。距離現在已過了60年，但仍未發現任何證據，足以證明偵測到了地球外智慧生物傳來的訊號。難道在宇宙中，除了人類再也沒有其他智慧生物了嗎？

依據7個項目推估外星文明的數量

對於這個乍看之下完全摸不著頭緒的疑問，有個公式為我們提供了線索，就是「德雷克方程式」（Drake equation）。這個方程式用來估算我們居住的銀河系之中，具備電波與地球進行通訊技術的文明（外星文明）有多少個（以N表示）。這是由全世界第一位進行SETI而聞名的德雷克博士，於1961年提出的構想。

德雷克方程式是把下列7個項（參數）相乘的式子。

方程式的各個項會是多少？

在我們居住的銀河系內，有多少個文明具備利用電波進行通訊的技術呢？德雷克公式就是用來估算這個數值的公式。若要正確估算文明的數量，必須詳細了解天文學、生命科學等各種領域的知識。但是，其中仍有許多尚未釐清的事物。

恆星擁有行星系的比例

銀河系內，具備利用電波進行通訊技術的宇宙文明數量

銀河系中每年誕生適合發展智能生命的恆星形成速率

每個行星系中，擁有適合生命生存環境的行星數量

$$N = R_* \times f_p \times n_e$$

R⋆：銀河系中每年誕生適合發展智能生命的恆星形成速率

f_p：這些恆星擁有行星系的比例

n_e：每個太陽系中，擁有適合生命生存環境的行星數量

f_l：這些行星上實際誕生生命的比例

f_i：行星上誕生的生命中，演化出智慧生物的比例

f_c：智慧生物發展出科技將其存在的可偵測迹象釋放到太空的比例

L：發展出上述科技文明的平均時間（年）

那麼這些參數的值分別是多少呢？外星文明的數量究竟又會有多少呢？

在德雷克方程式提出的時候，這些項只能做極為粗略的推估，因此有人質疑它是否具有科學意義。但這個方程式也可以使我們對於恆星及生命有更深入的理解。而且，現在發現了不少個當時尚未發現的太陽系外行星，科學上的進展已經不可同日而語。從下一頁開始，將根據各個領域的最新研究成果，從科學的角度來探討這些項。

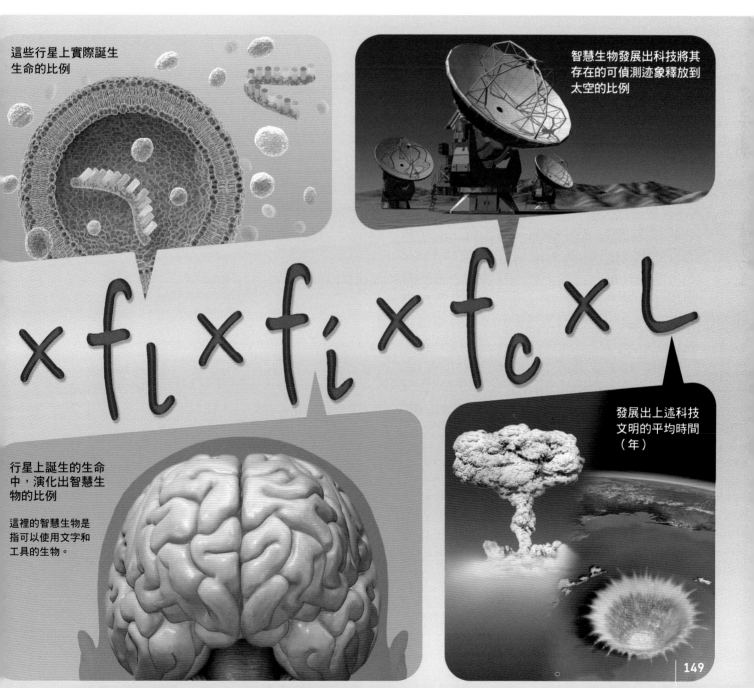

這些行星上實際誕生生命的比例

智慧生物發展出科技將其存在的可偵測迹象釋放到太空的比例

$\times f_l \times f_i \times f_c \times L$

行星上誕生的生命中，演化出智慧生物的比例

這裡的智慧生物是指可以使用文字和工具的生物。

發展出上述科技文明的平均時間（年）

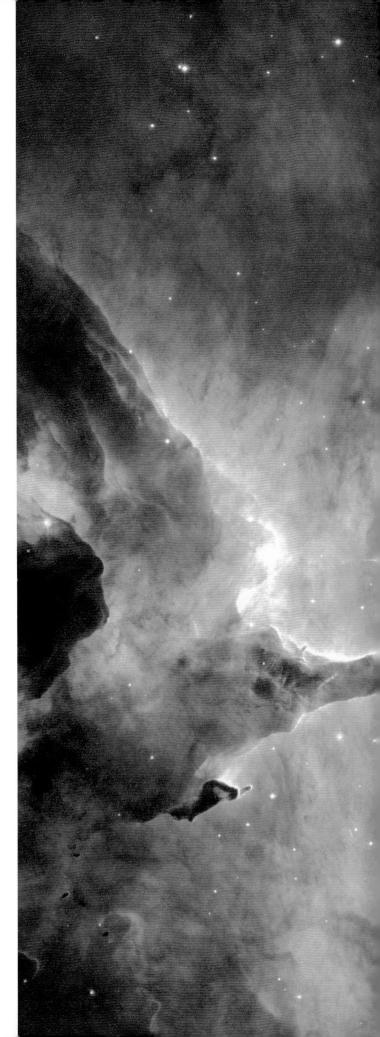

行星在宇宙中是「平凡無奇」的天體嗎？

我們所居住的行星地球，環繞著太陽運轉。若有地球外智慧生物存在的話，我們也會很自然地認為，他們也居住在某個環繞恆星運轉的行星上。

那銀河系中有多少顆恆星存在呢？根據現在的天文觀測，推估銀河系中的恆星有大約2000億顆之多※。

在太陽系外頭發現了 4000顆以上的行星

那接下來，在數量如此龐大的恆星當中，擁有一顆以上行星的比例（f_p）有多少呢？

事實上，第一次發現位於太陽系外的行星（系外行星），是在不久之前的1995年。尤其是NASA（美國航空暨太空總署）在2009年發射了克卜勒太空望遠鏡（Kepler Space Telescope）後，藉由它的觀測，使系外行星的發現數量大舉躍進。在2019年9月時，已經發現的系外行星增加到約4100顆。這些行星的種類可謂五花八門，有些是像地球一樣的岩石行星，有些是和木星相似的氣體行星，有些則是類似天王星這種以冰為主要成分的行星等等。

根據目前的觀測結果，恆星擁有一顆以上的行星比例為65％左右（$f_p＝0.65$）。也就是說，銀河系中有2000億顆×0.65＝1300億顆恆星，擁有一顆以上的行星。

日本自然科學研究機構天體生物學（astrobiology）中心主任田村元秀博士，鑽研恆星及行星形成的觀測性研究，他說：「以前對於其他恆星是否也擁有行星，並沒有獲得大家的重視，不過，藉由觀測而確實地了解恆星擁有行星的比例，其實是非常重要的事。」

※：德雷克方程式的第一個項是銀河系中 1 年誕生的恆星數量（R_*），不過，這個項和外星文明數量的關係不太容易理解，所以先從恆星的數量開始介紹。

恆星從氣體和宇宙塵的雲中誕生

右側群星閃耀的集團，是天蠍座方向上距離地球大約8000光年的疏散星團「Pismis 24」。疏散星團是從星雲中誕生的年輕恆星集團；左側是氣體和宇宙塵集結而成的星雲「NGC 6357」。恆星是從這樣的星雲中密度較高的區域，藉由本身的引力收縮而誕生。

孕育行星的原始行星系圓盤

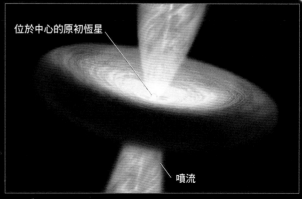

位於中心的原初恆星

噴流

恆星誕生時，未能納入恆星而殘餘下來的氣體和宇宙塵，便集結形成「原始行星系圓盤」，於其中孕育出行星。位於中心的原初恆星墜落物質，有一部分朝上下方噴出而成為噴流。

能夠孕育生命的行星有幾%？

假設恆星擁有行星的話，其中適合生命生存的行星數量（n_e）有多少呢？

行星上能夠孕育生命的條件之一，就是行星表面必須有液態水存在才行。在恆星的周圍，讓行星能夠在表面有液態水的區域，也就是適合生命居住的區域，稱為「適居帶」或「適居區」（circumstellar habitable zone）。以太陽系來說，太陽與地球間距離0.95～1.5倍的範圍就是適居帶。地球和火星就位於這個區域內。現在的火星上沒有海，但可能曾經有海存在過。

調查類似太陽的恆星周圍的行星可知，雖然還有一些不確定因素，但估計10顆恆星當中會有1顆，其適居帶裡面有類似地球這樣由岩石構成的行星（類地行星）。

在小恆星的適居帶內發現行星

科學家在一顆質量只有太陽8%左右，且又小又暗的恆星「TRAPPIST-1」周圍，發現了7顆類地行星，其中至少有3顆位於適居帶。

這種遠比太陽小且暗的恆星稱為「紅矮星」（red dwarf）。它的數量遠遠多於太陽型恆星，在銀河系的恆星中可能占有7～8成。近年來由於觀測技術的提升，已經能觀測到環繞著這類恆星運轉的行星，因而受到注目。

那是否能估計出，位於適居帶裡面的類地行星比例有多少呢？現在逐漸明白，以太陽型恆星而言為平均0.1顆（每10顆有1顆）；以比太陽小的恆星來說，則似乎有1～數顆。田村博士說：「還不能說已經觀測得很詳盡了，無法說得很肯定。不過或許可以估計，在恆星所擁有的行星中，會有1顆左右是位於適居帶的類地行星（n_e＝1）。」也就是在銀河系中，能夠孕育生命的行星數量是1300億顆。

不同恆星有不同的適居帶

TRAPPIST-1和太陽系的適居帶（綠色區域）比較圖。行星如果太靠近恆星，會因為溫度太高而使水完全蒸發（紅色區域）；相反地，如果離得太遠，會因為溫度太低而使水結凍（藍色區域）。行星上想要保有液態水存在，必須與恆星處於適當的距離（綠色區域），而這個距離也會依恆星的溫度而有所不同。

「衛星」上也有地球外生命！？

根據近年的研究，環繞行星運轉的衛星（以地球來說即月球）上，或許也擁有生命能夠生存的環境。例如，木星的衛星「加尼美得Ganymede」（木衛三）和「卡利斯托Callisto」（木衛四）、土星的衛星「泰坦Titan」（土衛六）和「恩塞拉都斯Enceladus」（土衛二）等等。

尤其是土星的衛星恩塞拉都斯，在最近引起了很大的關注。恩塞拉都斯是一顆直徑500公里左右的衛星，表面覆蓋著冰。但根據NASA的土星探測器「卡西尼號」（Cassini）的探測等等，得知冰層下方有液態水存在，亦即有海。所以，科學家們相當期待其中或許會有生命存在。

以現在的技術，觀測環繞系外行星運轉的衛星仍有困難，但若考量到這樣的衛星上也可能有生命存在，那麼地球外生命存在的可能性，就大大提高了。

火星

適居帶

適居帶

b　c　d　e　f　g　h

TRAPPIST-1

放大

TRAPPIST-1

位於水瓶座方向上，距離地球39光年的紅矮星。表面溫度約2800℃，比起太陽的6400℃，是一顆非常低溫的恆星。左邊插圖的繪製比例和下方的太陽系的繪製比例相同。

太陽系

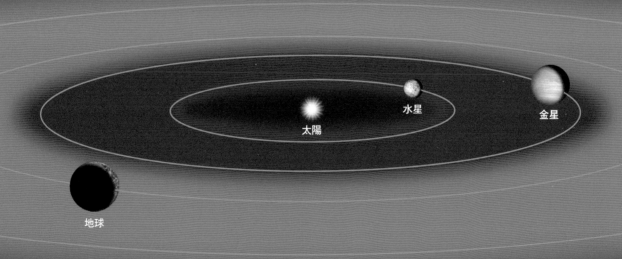

太陽　　水星　　金星

地球

生命是如何誕生的呢？
它的機率有多少？

地球上可能在38億年前就有生命誕生了。原始生命的誕生，需要「傳遞遺傳訊息的分子」、促進化學反應的「觸媒」，以及把它們封閉起來的「膜」。現在地球上的生命，負責傳遞遺傳訊息的是「DNA」（deoxyribonucleic acid，去氧核醣核酸）、觸媒是「蛋白質」、膜是「脂質」。但是有科學家提出一項有力的理論——「RNA世界學說」（RNA world hypothesis），主張初期的生命不是利用DNA，而是利用RNA（ribonucleic acid，核糖核酸）。

鑽研宇宙中生命及生命起源的日本東京藥科大學山岸明彥博士說：「生命誕生所需要的有機物，在宇宙中到處都有。」例如，我們已經知道分子雲中含有甲烷、乙烷和乙醇等等。此外，在墜落到地球上的隕石中，發現了做為蛋白質原料的甘胺酸（glycine）、丙胺酸（alanine）

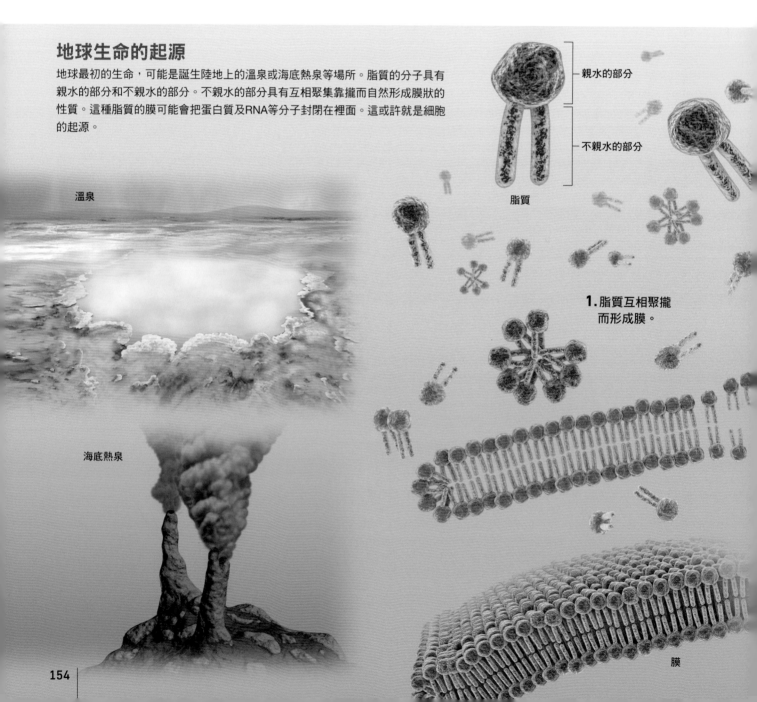

地球生命的起源

地球最初的生命，可能是誕生陸地上的溫泉或海底熱泉等場所。脂質的分子具有親水的部分和不親水的部分。不親水的部分具有互相聚集靠攏而自然形成膜狀的性質。這種脂質的膜可能會把蛋白質及RNA等分子封閉在裡面。這或許就是細胞的起源。

溫泉

海底熱泉

親水的部分

不親水的部分

脂質

1. 脂質互相聚攏而形成膜。

膜

等「胺基酸」（amino acid），也發現了做為脂質原料的「長鏈脂肪酸」（long-chain fatty acid）等物質。

1953年，美國化學家米勒（Stanley Lloyd Miller，1930～2007）在模仿地球原始大氣富含甲烷、氨等物質的氣體中放電，確定能製造出做為DNA及RNA原料的「鹽基」，以及胺基酸等複雜的有機物。

這些分子可能是在海底噴出熱水的「海底熱泉」及地上溫泉之類的場所，歷經無數次反覆發生的化學反應，逐漸產生出生命所需要的複雜蛋白質及RNA等分子。於此同時，這些漂浮在水中的分子，被封閉在膜裡面，在膜內進一步發生化學反應。可能就是藉由這樣的機制，經過數不清的嘗試錯誤，產生了更高機能的物質，最終演化成生命。

很難想像地球外生命是利用和地球生命完全一樣的蛋白質和DNA。但是，在與地球相似的行星上，或許就是從偶然間結合在一起的分子開始，歷經龐大次數的嘗試錯誤，轉變成具備生命所需機能的物質。山岸博士認為，只要條件齊全了，就必定能誕生生命吧！因此在這裡，把生命誕生的比例 f_l 定為 1。

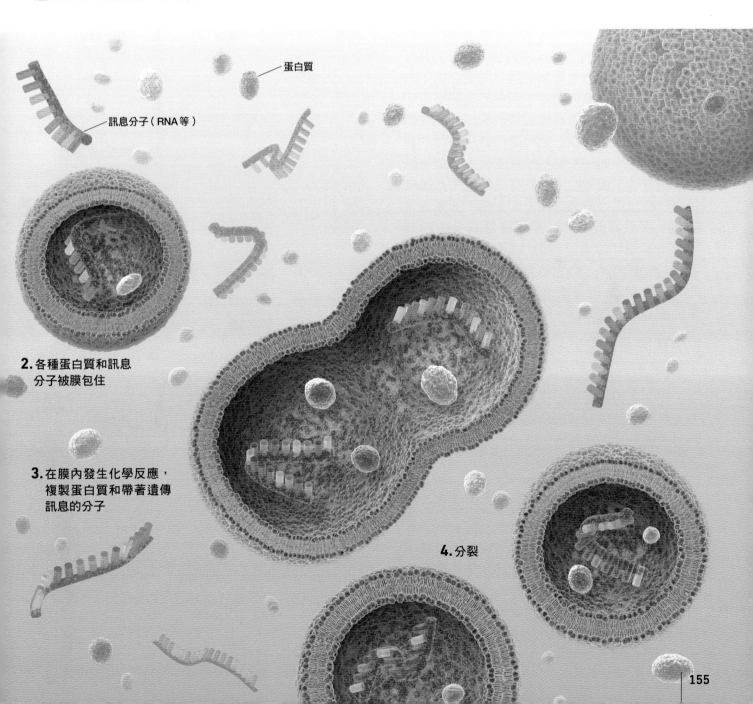

蛋白質

訊息分子（RNA等）

2. 各種蛋白質和訊息分子被膜包住

3. 在膜內發生化學反應，複製蛋白質和帶著遺傳訊息的分子

4. 分裂

高度文明誕生的機率有多高呢？

假設行星上誕生了原始的生命，這些原始生命能夠進一步演化成為智慧生物嗎？

地球上的原始生命誕生後，經過至少30億年以上的時間，才出現多細胞生物。後來，魚類誕生，兩生類誕生並爬上陸地，接著哺乳類誕生……，一步一步演化而來。而唯一現存人類物種的智人（Homo sapiens，腦容量已達現代人水平）出現更是在僅僅20萬年前。

山岸博士說：「為什麼生命能演化呢？因為在各自的演化過程中，嘗試了許多可能性，其中只有適應環境的生物才能殘存下來。」有些科學家主張，在數量龐大的演化路徑之中，有一條是演化成人類的路徑，因偶然之間被選中才誕生了人類。如果採取這樣的看法，便會認為智慧生物的誕生是一個可能性微乎其微的事件。但另一方面，也有科學家主張，在演化的分歧點會嘗試數量龐大的各種可能性，然後在各個時機挑選出最適合環境的生物。如果真是如此，那麼只要演化的過程歷經夠長的時間（例如50億年以上），就足以演化出現代人類這樣的智慧生物。研究者之間對智慧生物誕生的比例值（f_i）的看法有很大的差異，在這裡暫且把f_i=設定為0.1。

能夠收發訊息的能力占有絕對的優勢

我們人類已經擁有利用電波進行通訊的技術，能使用行動電話和遠處的對方通話、和送上太空的探測器保持聯絡等等。那麼，智慧生物發展成為具備這種電波通訊技術的高度文明之比例有多大呢？

山岸博士說：「具有通訊方式，在生存上占了絕對的優勢。在捕捉獵物時，如果伙伴之間能夠傳送訊號而進行合作，當然比較有利吧！訊息的傳達能夠有利於生存，所以通訊技術的發達是必然的。」山岸博士認為，智慧生物必定會探求物理法則，總有一天會擁有利用電波的通訊技術。在這裡，就把智慧生物發展成為具有電波通訊技術的文明之比例f_c定為1吧！

最初的生命

溫泉

生命的誕生（38億年前）

利用電波的文明誕生（100年前）

演化成為人類的過程

本圖所示為從原始生命誕生到利用電波的文明之演化途徑。根據山岸博士的說明，多細胞生物誕生後不久，類似神經的東西就出現了。神經可運用於探尋食物、逃離嫌惡的東西等情形，其存在有利於該生物的生存，所以神經應該會藉由演化而逐漸發達。神經系統充分發達後，便形成腦。具有腦的生物或許在某個時候演化成了智慧生物。

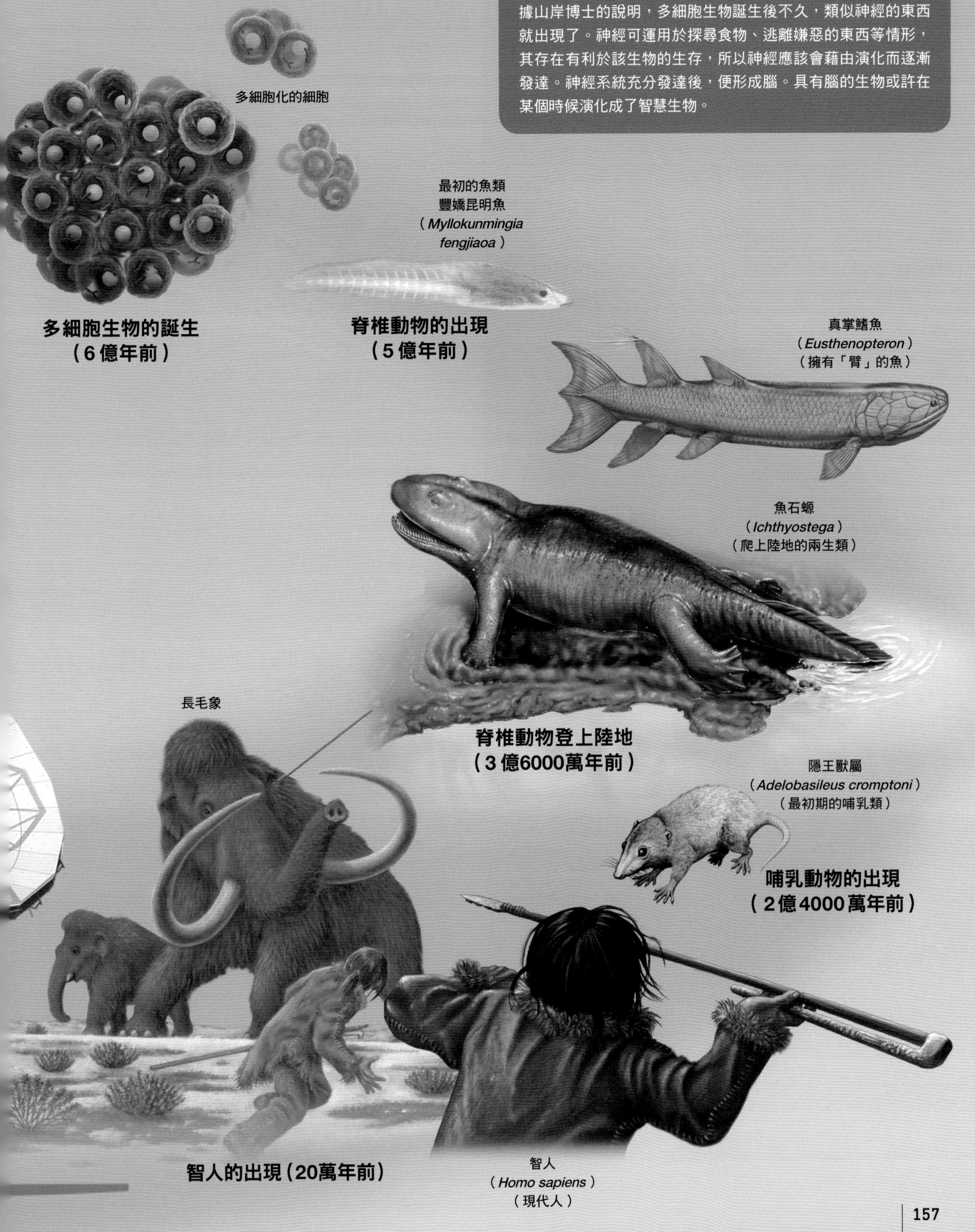

多細胞化的細胞
多細胞生物的誕生
（6億年前）
最初的魚類
豐嬌昆明魚
（*Myllokunmingia fengjiaoa*）
脊椎動物的出現
（5億年前）
真掌鰭魚
（*Eusthenopteron*）
（擁有「臂」的魚）
魚石螈
（*Ichthyostega*）
（爬上陸地的兩生類）
脊椎動物登上陸地
（3億6000萬年前）
隱王獸屬
（*Adelobasileus cromptoni*）
（最初期的哺乳類）
哺乳動物的出現
（2億4000萬年前）
長毛象
智人的出現（20萬年前）
智人
（*Homo sapiens*）
（現代人）

文明的壽命左右外星文明的數量

前 面把德雷克方程式的各個項都拿出來談了一遍。不過，在第150～151頁，並不是談1年內有多少顆恆星誕生（R*），而是改為現在銀河系中的恆星數量。把這個數值除以星系的年齡，即可粗略估計1年內恆星誕生的數量（R*）。銀河系

的年齡約為100億歲，也就是說，R*是2000億顆÷100億年＝20顆／年[1]。

現在就把先前討論的各個數值，代入德雷克方程式看看吧！計算後，可以算出N＝1.3×L。

把發展出電波通訊技術文明的平均時間（L）代入方程式，即可

得到銀河系中外星文明的數量。但這個L，沒有人知道它的正確答案。即使將L定義為「具有電波通訊技術文明持續的時間」，依然無解，因為人類現在依然戰禍頻仍，擁有許多核子武器。萬一發生核子戰爭，或許人類就會因此滅亡。若真是如此，那具有

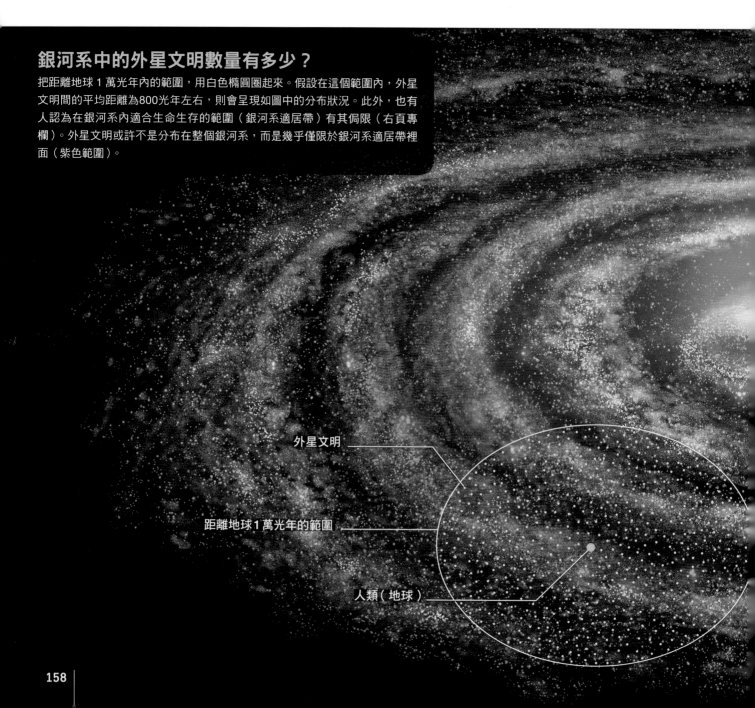

銀河系中的外星文明數量有多少？

把距離地球 1 萬光年內的範圍，用白色橢圓圈起來。假設在這個範圍內，外星文明間的平均距離為800光年左右，則會呈現如圖中的分布狀況。此外，也有人認為在銀河系內適合生命生存的範圍（銀河系適居帶）有其侷限（右頁專欄）。外星文明或許不是分布在整個銀河系，而是幾乎僅限於銀河系適居帶裡面（紫色範圍）。

外星文明

距離地球1萬光年的範圍

人類（地球）

電波通訊技術的文明僅有100年的壽命而已。另一方面，也有研究者認為，若能克服這樣的問題，文明可以持續100萬年以上的漫長歲月。

在我們的銀河系中，擁有1萬3000個外星文明？

提出這個方程式的德雷克博士，認為L為1萬年。把它代入剛才所提的方程式裡，則N＝13,000。也就是說，銀河系中有1萬3000個外星文明。在這個情況下，文明彼此間的平均距離為800光年左右[※2]。

假設有一個外星文明位於這個距離，朝地球發送訊息過來，則或許在不久的未來，地球上就可以接收到這個訊號。不過這裡所談的各個項，都還有許多不確定的部分，所以這個結果也可能會有幾個位數的變化。

更何況，這個數值僅考量到銀河系的內部而已。在能夠觀測到的宇宙中，有多達1000億個星系[※3]。假設每個星系中各有1000億顆恆星，則整個宇宙就有1000億的1000億倍的恆星存在。若以整體宇宙來思考，則或許處處都有智慧生物存在吧！

如果發現地球外智慧生物的話，我們要如何應對才好呢？有沒有機會和他們直接面對面呢？在PART 3一起來探討這些疑問吧！🪐

※1：根據觀測的結果，現在的銀河系中約每1年會誕生1～2顆新恆星。但田村博士表示，回溯過去時曾有恆星大量誕生的時期，所以取過去到現在的平均值來考量，大略就是這個數量。此外，若要更正確地估算，也必須考量到恆星的壽命會依它的質量而有所不同。

※2：美國天文學會在2021年2月的《天文期刊》（*The Astronomical Journal*）上發表，銀河系內有一顆百億歲「超級地球」，上面很可能以前有過生命，距離地球僅280光年。
https://iopscience.iop.org/article/10.3847/1538-3881/abd409

※3：根據最新的研究報告，在能夠觀測到的宇宙範圍中，星系數量多達2兆個。

2萬光年　　3萬光年

銀河系適居帶

什麼是銀河系適居帶？

截至目前為止，所探討的都是整個銀河系的恆星及其行星。但在銀河系內，適合生命生存的範圍或許有其侷限。

在銀河系中心附近，恆星的密度比較高，由於恆星爆炸及強烈輻射線等等的影響，對於生命而言可能是個過於嚴苛的環境。而靠近銀河系邊緣的區域，比氫和氦重的元素十分稀少，缺乏製造地球型恆星及生命的原料。因此在這樣的環境中，或許不會有外星文明存在。

這麼一來，只有在既不太靠近、也不太遠離銀河系中心的地方，才適合生命的生存。這個區域稱為「銀河系適居帶」。根據最近的研究，銀河系適居帶可能位於距離銀河系中心大約2～3萬光年的範圍。

PART 3

目標是鄰近的恆星系！

外星人和人類有機會相遇嗎？

距離地球最近的恆星，即使以宇宙最快的光速也要花上 4 年的時間才能到達，可見它有多麼遙遠。外星人居住的地方，說不定是還要遠上數百光年的極遙遠恆星。我們有辦法在如此遙遠的恆星和地球之間往來旅行嗎？事實上，企圖實現這種恆星際航行的計畫已經開始啟動了。

在 PART 3 將介紹各種飛向遙遠宇宙的科技發展，以及和外星人取得聯繫的方法。

協助

福江 純 日本大阪教育大學天文學研究室教授

小紫公也 日本東京大學大學院工學系研究科教授

原田知廣 日本立教大學理學部教授

鳴澤真也 日本兵庫縣立大學西播磨天文台天文科學專員

山岸明彥 日本東京藥科大學生命科學部名譽教授

飛到隔壁恆星要花 7 萬年!?
阻礙恆星際旅行的遙遠距離

距離地球最近的天體是月球。雖然是最近，但這段距離也長達地球直徑的30倍，大約38萬公里。而離地球最近的行星是金星，最靠近時的距離為4000萬公里左右。

我們長期以來使用望遠鏡及太空船調查太陽系的行星及其衛星。但太陽系裡面除了人類外，似乎沒有其他智慧生物存在。假設真的有地球外智慧生物存在的話，應該會在環繞其他恆星運轉的行星等天體上。

那離地球最近的恆星，究竟有多遠呢？離地球最近的隔壁恆星，是位於半人馬座方向上的「南門二」（半人馬座 α 星）。這顆恆星距離地球大約4.3光年，亦即40兆公里。目前離地球最遠的太空船，是NASA（美國航空暨太空總署）於

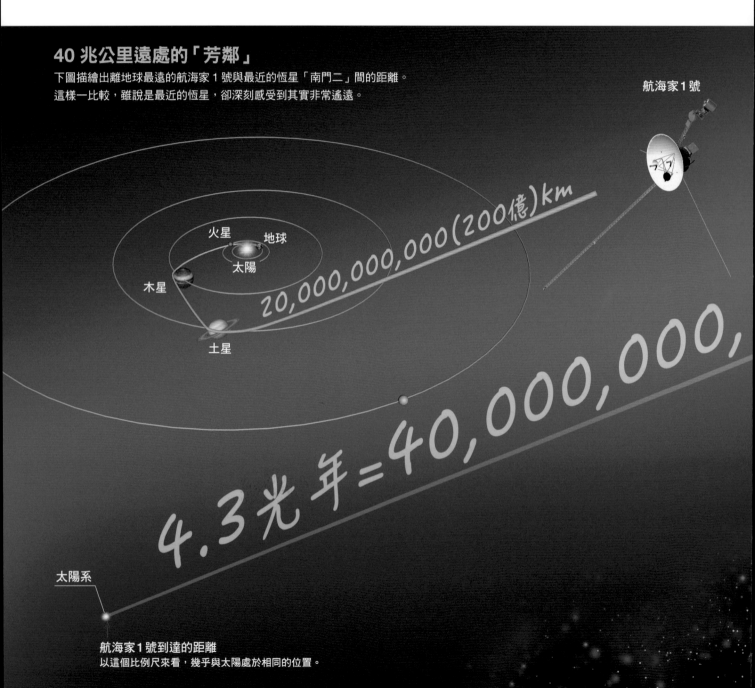

40 兆公里遠處的「芳鄰」

下圖描繪出離地球最遠的航海家1號與最近的恆星「南門二」間的距離。
這樣一比較，雖說是最近的恆星，卻深刻感受到其實非常遙遠。

航海家1號

火星　地球
太陽
木星

土星

20,000,000,000(200億)km

4.3光年=40,000,000,000,000,

太陽系

航海家1號到達的距離
以這個比例尺來看，幾乎與太陽處於相同的位置。

1977年發射的「航海家１號」（Voyager 1），現在航行到了距離地球約200億公里的地方。相較之下，就算我們稱南門二是緊鄰的恆星，其實非常遙遠。

恆星際旅行需要能非常高速航行的太空船

航海家１號至今仍以相對於太陽每秒約17公里的速度持續航行中。雖然它並不是飛向南門二，但假設以這樣的速度朝南門二飛去，則大概要花上7萬4000年的時間才能抵達。

在太陽系的周邊，恆星間的平均距離為２光年（約20兆公里）左右。但並不是每顆恆星系裡面都會有智慧生物吧！所以如果認為有智慧生物居住的恆星系，距離我們遠達幾百光年，甚至幾千光年，也是極其自然的事。這麼一來，假設他們會在恆星之間來來往往或來到地球，則必定是搭乘著人類的太空船難以匹敵的極高速太空船。

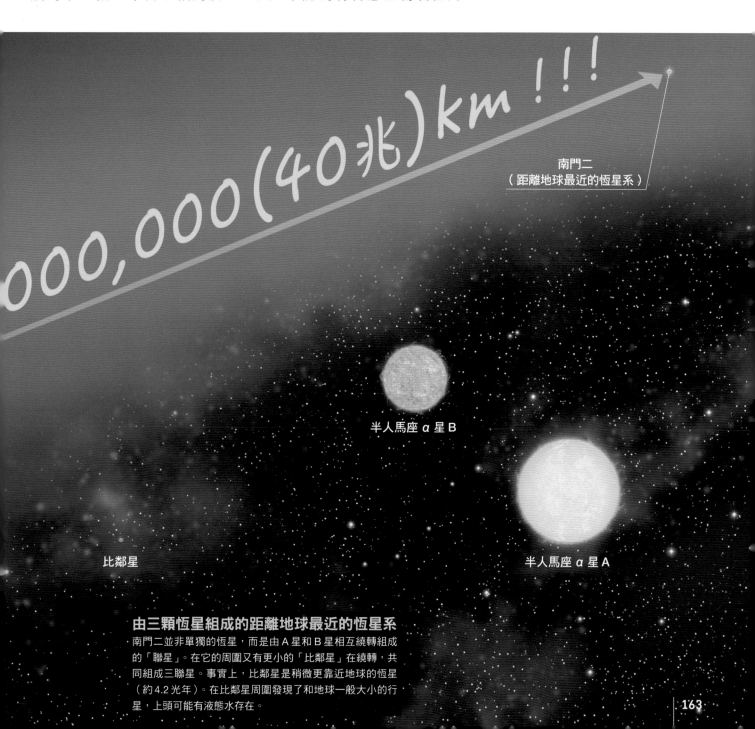

000,000(40兆)km！！！

南門二
（距離地球最近的恆星系）

半人馬座 α 星 B

比鄰星

半人馬座 α 星 A

由三顆恆星組成的距離地球最近的恆星系

南門二並非單獨的恆星，而是由Ａ星和Ｂ星相互繞轉組成的「聯星」。在它的周圍又有更小的「比鄰星」在繞轉，共同組成三聯星。事實上，比鄰星是稍微更靠近地球的恆星（約4.2光年）。在比鄰星周圍發現了和地球一般大小的行星，上頭可能有液態水存在。

花20年飛到隔壁恆星！
突破攝星計畫

俄羅斯投資家米爾納（Yuri Milner）提出了一項宏大的計畫——「突破攝星」（Breakthrough Starshot），打算送出數千架重量只有數公克的超輕量無人探察機「奈米飛行器」（nanocraft），飛往隔壁的恆星「南門二」。

奈米飛行器由「星晶片」（star chip）和「光帆」（light sail）兩個部分組成。星晶片是大小只有數公分，搭載著機器的奈米飛行器本體，安裝在光帆的中心，光帆則是由非常薄的膜，製成邊長4公尺的帆。當光帆被地球發出的強力雷射光照射到時，能夠被加速到光速的20%（秒速6萬公里）。以這個驚人的速度飛行，只需要約20年即可飛抵南門二。

現實上還有許多問題需要克服

不過以現在的技術而言，還有許多困難之處尚待克服。其一在於雷射光產生裝置的問題。要把奈米飛行器加速到光速的20%，需要持續發射數分鐘100百萬瓩（百萬瓩＝10^9瓦特）的高功率雷射。雖然現在已經有超過100百萬瓩的雷射裝置，但只能發射1兆分之1秒，時間極為短暫。

此外，還必須具備精準的發射技術，才能使多部雷射裝置發射的雷射光，精準命中位於數百公里上空面積僅僅4公尺見方的光帆。如果考量到大氣的晃動可能對雷射光產生的干擾，便可了解這項控制技術具有相當高的難度。

再者，星晶片上預定搭載4架照相機、光子姿勢控制裝置（thruster）、通訊器、電源等機器，因此必須把這些機器減輕到僅僅數公克且縮小成郵票的大小，而且這些機器還必須能夠從遙遠的4.3光年之處把資料傳回地球。

目前，研究者們正在積極設法解決這些問題，希望2040年代後半期能夠發射。

利用雷射光加速的「奈米飛行器」

本圖所示為奈米飛行器接收地球射來的強力雷射光，一路奔向南門二的情景。由於到了目的地後不知該如何減速，所以改為高速掠過南門二旁邊，並在飛掠期間收集相片等資料傳回地球。突破攝星計畫先後獲得已故著名物理學家霍金博士及臉書執行長祖克柏（Mark Elliot Zuckerberg，1984～）的具名支持。

利用核融合推進技術，
可望能以光速的10%行進？

假設我們知道某個星球上有地球外智慧生物存在，能夠前去與他們會面嗎？在前頁介紹了「郵票大小」的無人飛行器。那如果是人類能夠搭乘的大型太空船呢？想讓人能在其壽命期間抵達隔壁恆星，太空船的行進速度需要接近光速。

現在宇宙中航行的主流推進方法為「化學推進」，方法是燃燒氫等燃料，再把燃燒產生的氣體噴出去，利用它的反作用力推進太空船。但是利用化學反應所能獲得的能量並不多，即使準備龐大的燃料，依然無法獲得足以飛向其他恆星的速度。

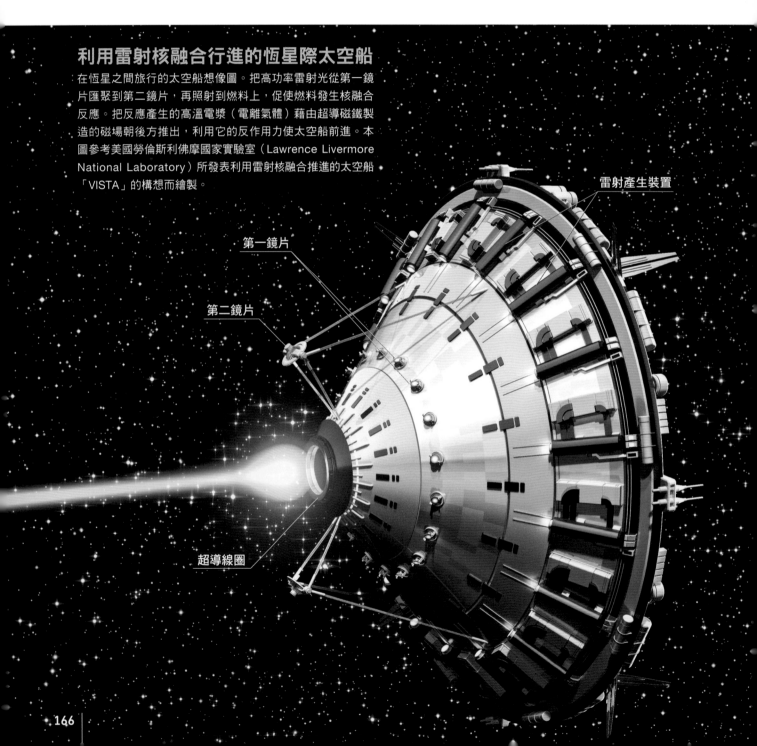

利用雷射核融合行進的恆星際太空船

在恆星之間旅行的太空船想像圖。把高功率雷射光從第一鏡片匯聚到第二鏡片，再照射到燃料上，促使燃料發生核融合反應。把反應產生的高溫電漿（電離氣體）藉由超導磁鐵製造的磁場朝後方推出，利用它的反作用力使太空船前進。本圖參考美國勞倫斯利佛摩國家實驗室（Lawrence Livermore National Laboratory）所發表利用雷射核融合推進的太空船「VISTA」的構想而繪製。

雷射產生裝置

第一鏡片

第二鏡片

超導線圈

產生龐大能量的核融合

因此必須另尋效率更高,遠比化學推進更大的能量,以便推進太空船。其有力的候選方法之一就是「核融合推進」,此即較輕的原子核互相融合成為更重原子核的反應。例如,把「氘」和「氚」之類的特殊氫原子核,以高速互相碰撞,可使它們融合成為氦原子核。這時原本原子核的一部分質量,就會轉換成龐大的能量。

以相同質量的燃料來做比較,核融合所產生的能量可達化學反應的1000萬倍以上。如果能夠利用這些能量做為推進力,理論上速度可望達到光速的10%(秒速約3萬公里)。

不過,雖然全世界都在致力研究使核融合反應連續發生的技術,但迄今尚未實現[※]。如果是技術文明超越人類的地球外智慧生物,或許已經把這種技術實用化了。說不定,有些智慧生物正駕駛著利用核融合推進的恆星際太空船,在宇宙中四處遨遊……。

[※]:2020年,超安核技術公司(Ultra Safe Nuclear Technologies, USNC)向美國太空總署NASA交付了核動力推進引擎概念設計圖,可達目前火箭引擎推力的2倍,地球前往火星只需3個月。

目的地恆星

「巴薩德衝壓發動機」邊從宇宙空間收集燃料邊航行

核融合推進雖然效率極高,但為了急遽加速,需要大量的燃料,這點和化學推進一樣。美國物理學家巴薩德(Robert W. Bussard,1928~2007)在1960年構思了解決這個問題的方法。

宇宙空間並非空無一物,而是分布著極為稀薄的氫等物質。因此,在太空船的前方設置一個由直徑廣達數百公里的磁場所形成的巨大「盤子」,便能邊收集氫,邊持續前進。利用這個方法,就不再需要事先準備大量的燃料了。這個方法稱為「巴薩德衝壓發動機」(Bussard ramjet)。

但目前已經得知,宇宙空間裡頭的氫數量,遠遠不及當時所估計的數量。而且還有一個問題,就是所收集的氫中,可用於核融合的重氫等數量更少,或許無法獲得足夠的量。

科幻故事中常見的「曲速」是有可能的！？

根據愛因斯坦的相對論，在宇宙中，光速（秒速30萬公里）是最高極限的速度，所以絕對無法把太空船加速到比光速更快。因此若單純地依此思考，就算在數百光年遠的恆星上或許有地球外智慧生物居住，我們也幾乎不可能在實際的時間內前往一探究竟。但在《星際大戰》（*Star Wars*）和《星際爭霸戰》（*Star Trek*）等科幻作品中，卻經常出現利用曲速（warp speed）瞬間移動到另一個遙遠恆星的場景。在現實的世界中，有沒有可能做到曲速移動呢？

製造特殊的「時空泡」以超光速移動！

在理論物理學的世界裡，也有在理論上實現曲速的方法。其一是墨西哥物理學家阿庫別瑞（Miguel Alcubierre，1964～）於1994年構思的「阿庫別瑞引擎」（Alcubierre drive）。這個構想利用某種方法把空間（時空）扭曲，再把太空船包在特殊的「時空泡」裡面。時空泡的性質可使太空船前方的空間收縮，使太空船後方的空間膨脹，這麼一來，整個時空泡就會往前行進，泡裡的太空船當然也會跟著前進。

這個時空泡的速度相對於在泡外觀看的人來說，甚至能超越光速。這個方法，只是把周圍的空間扭曲，太空船本身相對於泡內的空間，是靜止不動的。也就是說，太空船本身的速度沒有超越光速，所以並沒有違反相對論。此外，並非太空船本身在加速，所以乘坐在太空船裡面的人也不會感受到加速度（虛擬重力）。

鑽研時空理論物理學的日本立教大學原田廣知教授說：「只要備妥這種『奇特的』時空，雖乍看之下好像前進得比光更快，但其本身並沒有違反相對論。」

只是製造這種時空泡的具體方法，到現在還沒有頭緒。即便如此，至少在理論上沒有受到否定。

利用時空泡做超光速移動的太空船

藉由扭曲時空製造「時空泡」，能以超光速移動的太空船的想像圖。環狀構造是用來製造時空泡的裝置。

把相隔遙遠的空間串連起來的時空通道「蟲洞」

經常在科幻故事中出現的「蟲洞」（wormhole），是種理論上能夠實現曲速的方法。此指像蟲蟻蛀蝕的孔洞一樣，把空間的某個場所和相隔遙遠的另一個場所，串連成類似隧道的通道。透過這個隧道，有如穿過空間的捷徑一般，能夠瞬時移動到遙遠的另一端。不過，目前尚且無法確定蟲洞是否真實存在。而且很遺憾地，即使它實際存在，也還沒有方法能把蟲洞移到想要的位置。此外，若想把蟲洞維持在開啟的狀態，還需要具有能量這種神奇性質的「奇異物質」（exotic matter）。

使前方的空間縮小，使後方的空間膨脹

右圖為時空泡造成的空間扭曲意象圖。在太空船的前方，使空間收縮而縮短行進方向的距離（藍色部分）。而在太空船的後方，使空間擴大而拉長距離（紅色部分）。結果，時空泡得以往前行進，泡內的太空船也跟著前進。若要製造這種時空泡，和蟲洞一樣都需要具有負能量的「奇異物質」。

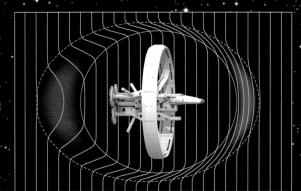

我們人類能夠和外星人會面，或是取得通訊嗎？

在有生之年抵達相距1萬光年的星球也是有可能的

假設在距離地球1萬光年的行星上，有地球外智慧生物居住，亦即以光速飛去，也要花上1萬年才能抵達該行星。然而我們人類的壽命頂多100歲左右，因此多半會認為，除非利用前頁介紹的曲速，不然不可能在有生之年抵達那顆行星。但根據相對論，只要利用「時間的延遲」，即使不利用曲速也有可能抵達，這是什麼意思呢？

根據相對論，人在運動中的時間，會比靜止不動的人還慢。這個「時間延遲」的效果，越接近光速會越強烈。如果太空船以光速的99％速度行進，則對於乘坐在太空船上的人來說，前往1萬光年遠處的星球，只要大約1400年即可抵達。如果使太空船的速度更快，以光速的99.9999％的速度行進，竟然只要14年左右的短暫時間即可抵達。

不過，這是對於太空船裡面的人而言的時間。雖然乘坐在太空船內的人只花了14年，但若由站在地球上的人觀測這架太空船，則太空船依然是花了約1萬年才抵達那顆星球。另一方面，如果立場轉換到以接近光速的速度旅行的人，自己看起來好像是靜止不動的，反倒是目的地星球以接近光速朝自己靠近。而沿著行進方向上的宇宙空間縮短了，從以光速的99.9999％的速度行進的太空船來看，1萬光年的距離縮短到大約14光年。

利用這個原理，越接近光速，對太空船內的人而言越能在短時間內抵達該處。也就是說，雖然想起來非常不可思議，但理論上無論位於多麼遙遠的星球，都有機會在有生之年抵達。

接近光速的話，進行速度會變得如何呢？

從地球看到的太空船速度	從太空船看到的空間縮短	抵達距離1萬光年的恆星時，太空船內經過的時間
光速的99％	原本距離的0.14倍	約1410年
光速的99.99％	原本距離的0.014倍	約141年
光速的99.9999％	原本距離的0.0014倍	約14年
光速的99.9999999999％	原本距離的0.0000014倍	約5日

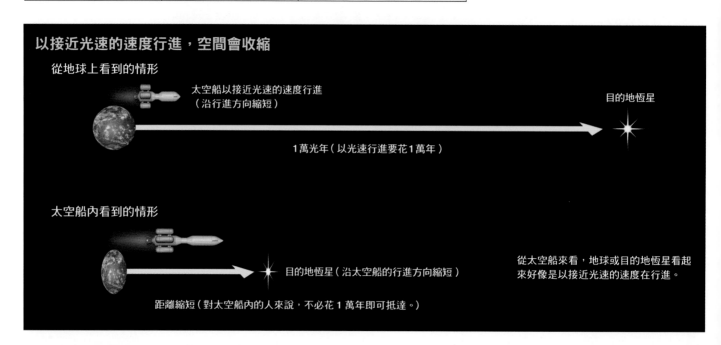

以接近光速的速度行進，空間會收縮

從地球上看到的情形

太空船以接近光速的速度行進（沿行進方向縮短）

目的地恆星

1萬光年（以光速行進要花1萬年）

太空船內看到的情形

目的地恆星（沿太空船的行進方向縮短）

從太空船來看，地球或目的地恆星看起來好像是以接近光速的速度在行進。

距離縮短（對太空船內的人來說，不必花1萬年即可抵達。）

人類已經向地球外的文明送出訊息

在PART 1介紹了搜尋地球外智慧生物傳來訊息的「搜尋地球外智慧生物」（SETI）。但另一方面，我們人類也一直在嘗試傳送訊息給或許存在於某處的地球外智慧生物。這項行動稱為「主動SETI」（Active SETI）或「METI」（Messaging Extraterrestrial Intelligence，發送訊息給地球外智慧生物）。

人類第一次向太陽系以外的智慧生物發送的訊息，稱為「阿雷西博訊息」（Arecibo Message）。1974年，使用位於南美洲波多黎各口徑約300公尺的阿雷西博電波望遠鏡[1]，朝武仙座方向上距離地球2萬5000光年遠的球狀星團「M13」，發出搭載著訊息的無線電波。

訊息內容是採納美國著名天文學家薩根（Carl Edward Sagan，1934～1996）和全球第一位投入SETI的德雷克博士的構想，包含了1～10的數字和氫、碳、氮、氧的原子序、呈現DNA的雙螺旋結構圖形、表示人類與太陽系的圖形、阿雷西博電波望遠鏡的圖形等等（右下圖）。

這則訊息要花2萬5000年才會抵達M13。假設M13上真的有智慧生物存在，等他們接收到訊息之後立刻回覆，也要在5萬年後，訊息才能抵達地球，真是遙遠的未來啊！

後來，全球各地陸陸續續實施了METI的行動。例如由天文學家森本雅樹博士和平林久博士構思的日本第一則訊息，內容包括由兒童發音的訊息與13片點陣圖像。這則訊息[2]在1983年8月15日（農曆的七夕）使用美國史丹福大學的口徑46公尺電波望遠鏡朝牛郎星發送出去。

此外，也有利用太空船搭載的訊息。1972年和1973年發射的太陽系探測器「先鋒10號」（Pioneer 10）和「先鋒11號」（Pioneer 11）在觀測太陽系的各行星之後，已飛離太陽系。這兩架太空船分別搭載了鐫刻著人類形貌、太陽系與地球的位置等訊息的金屬板。在遙遠的未來，或許會有那麼一天，它們飛抵某個地方的恆星，居住在那裡的地球外智慧生物能夠解讀這些訊息。

※1：2020年8月，57歲的阿雷西博電波望遠鏡輔助纜線斷裂，打中下方的碟型天線，造成觀測活動中斷。11月初一條主纜線位移鬆脫，讓整個支撐接收平台的結構出現巨大危機，美國國家科學基金會正式宣布阿雷西博退役。12月1日，支撐平台的剩餘纜線全部斷裂，整個接收平台墜入下方的碟型天線。

※2：「アルタイルへのメッセージ」的內容請見 https://ja.wikipedia.org/wiki／アルタイルへのメッセージ

阿雷西博電波望遠鏡

阿雷西博訊息

這則訊息由1679個0和1的排列所組成。1679是兩個質數23和73相乘的積。0和1的排列，橫向有23個，縱向有73個，呈現出具有意義的圖形。

左圖中的顏色是為了容易辨識而加上去的，實際的資料並未包含顏色。

我們能和外星人溝通嗎？

　　若想和地球外智慧生物溝通，必須具備雙方共通的概念才行。其中的一個線索，在於數學。例如，把「質數」（2以上的整數中，只能被1及其本身整除的數）做為訊息傳送出去的方法，就經常被人提起。數學性的事實是普遍的認知，地球外智慧生物應該也能理解質數吧！藉由這類數學性的事實，或許能加深彼此的理解。

　　除此之外，或許也可以拿物理法則做為線索。例如，眾所周知宇宙中含量最多的元素是氫原子，它會放出波長21公分的無線電波。這項事實在宇宙的任何一個地方都相同。利用這種普遍性的事實，或許也能夠幫助雙方溝通。

　　另一方面，也有人認為將會完全無法溝通。波蘭作家萊姆（Stanisław Herman Lem，1921～2006）於1961年出版的科幻小說《索拉力》（*Solaris*）中，描述了一顆名為索拉力的行星，其表面有片智慧海洋，以獨特的方法向人類發出訊息，但經過長年的研究，人類始終無法明白它表示的是什麼意思。在這個宇宙中，或許真的會有這種超乎理解的智慧生物存在吧！

宇宙中有沒有由有機物外的物質所形成的生命存在呢？

　　談到由有機物（碳化合物）外的物質形成生命的可能性時，經常提到矽。矽的結構和碳十分相似，例如也具有4隻和其他原子結合的「手」等等。因此，會不會有利用矽製造出DNA和蛋白質等生命分子的生命存在呢？

擁有4隻「手」的碳和矽

甲烷
碳原子
氫原子

二氧化矽
矽原子
氧原子

　　但是，鑽研宇宙生命的日本東京藥科大學山岸明彥博士表示，使用矽誕生生命的可能性很低。

　　矽若和氧發生反應，會產生二氧化矽。二氧化矽是構成地球地殼（岩石）的物質，兩者的結合非常穩定，把它們分離需要非常龐大的能量。而誕生生命所需的分子，必須能適度結合或分離。因此，應該不會孕育出矽基生物吧！藉由天文觀測，已發現在宇宙中含有大量可做為生命原料的有機物。據此自然會認為只有有機物才能形成生命。

　　不過，山岸博士卻說：「如果在某個地方遇到地球外智慧生物，他們有可能是矽人。」聽起來好像和前面說的話產生矛盾了，這是怎麼一回事？

　　假設有地球外智慧生物存在的話，他們的技術文明很可能遠比我們高超。這麼一來，他們應該會把有機物的身體逐漸地置換成機械。而控制機械的，是像電腦的CPU這樣由矽製成的晶片等等，所以他們有可能會變成在腦等重要部位中，具有矽的機械型智慧生物（矽人）。

　　英國的科幻小說作家霍根（James Patrick Hogan，1941～2010）在1983年出版的《生命創造者的密碼》（*Code of the Lifemaker*）中，描述了地球以外的智慧生物製造出資源開發用機器人，自行複製自己，歷經長久的歲月逐漸「演化」的情節。說不定，宇宙中真的有許多這樣的人造智慧生物存在。

如果發現了外星人傳來的訊息應該怎麼處理？

如果收到地球外智慧生物傳來的訊息，應該如何對應才好呢？國際間制訂了一份協議書，明示出當發現可能來自地球外智慧生物傳來的「可疑訊號」時應該如何處理的規則。這份協議書就是《關於發現地球外智慧生物傳來訊號的協議書》（詳見下欄）。與太空開發有關的國際組織國際宇航科學院（International Academy of Astronautics，IAA）在研議過其內容後，於1989年採納施行。

協議書共有9條，分別記述訊號的驗證及公布的程序。例如在第1條中，要求必須證明可疑訊號並非自然現象及人為現象所產生的訊號，而是真正來自地球外智慧生物。在完成驗證前不得公布。驗證之後，如果未能取得確實的證據，也可以公布為未知的現象。

在第4條規定，若取得了訊號確實為地球外智慧生物所傳來的證據，則必須向大眾公布，不得隱瞞。第8條規定，不得任意回覆。

在第171頁介紹了人類發送訊息的METI。原先也有人認為，從地球向地球外智慧生物發送訊息具有危險性。已故的著名物理學家霍金博士也是其中一位。地球外智慧生物極有可能擁有高於我們的技術文明，若讓他們發覺到地球的存在，可能會招來侵略的危機。

因此有人提出了一個指數，用於表示從地球發送無線電波的危險度。這個指數稱為「聖馬利諾指數」（San Marino Scale）。聖馬利諾指數依據無線電波強度和該電波是否搭載著訊息等因素，把危險度分為10個等級。阿雷西博訊息由於無線電波非常強且含有訊息，危險度竟然達到8級。

關於發現地球外智慧生物傳來訊號的協議書（綱要）

【第1條】 訊號的發現者，在公布之前應取得證據，確認該訊號並非自然現象或人為現象，而是地球外智慧生物傳來的訊號。驗證後若未取得確實證據，可公布為未知的現象。

【第2條】 訊號的發現者在向大眾公布之前，應通知贊同本協書議之研究者及研究機構，以便能夠獨立驗證或繼續觀測。

【第3條】 若能確認訊號確實來自地球外智慧生物，則發現者應透過國際天文學聯合會（IAU）通知全世界研究者及聯合國祕書長。此外，須通知相關的國際機構並提供資料。

【第4條】 若取得訊號確實來自地球外智慧生物的證據，必須透過科學社群及一般媒體，迅速且坦誠地公布。發現者擁有最先公布的權利。

【第5條】 用於確認其發現正確性的資料，應為出版物、研究會、會議等可加以利用之物。

【第6條】 必須繼續進行觀測，並盡可能將資料完整無缺的永久記錄、保存，以便做更詳細的分析。

【第7條】 若發現之訊號為利用無線電波傳來，應致力保護該頻帶（以便不受人類發訊或收訊的干擾）。

【第8條】 在未達成國際協議之前，不得回覆訊息給地球外智慧生物。

【第9條】 IAA的SETI委員會與IAU的第51委員會（關於搜尋地球外智慧生物的委員會）合作，繼續處理資料並進行研議。此外，並設置國際性研討委員會，在向社會大眾公布資訊之際提供建議。

（取材自『外星人的搜尋方式 地球外智慧生物搜尋的科學與浪漫』[鳴澤真也著]登載的日譯版綱要）

在第6章，分成3個部分來探討地球外智慧生物的相關話題。一聽到外星人，剛開始或許會以為是無稽之談吧！但我們知道無論是探察的方法、可能有多少數量的估算、星際間航行是否可行等等，如果要認真地研議，則需要物理學、生物學、天文學、太空工程學等各式各樣的領域的知識。SETI啟動至今已經超過50年了，目前仍然沒有發現地球外智慧生物，但或許在浩瀚宇宙的某些角落，他們也在仰望星空，想像著其他星球上的智慧生物吧！　　　　　　❧

人人伽利略 科學叢書 01

太陽系大圖鑑

徹底解說太陽系的成員以及
從誕生到未來的所有過程！　　　售價：450元

　　本書除介紹構成太陽系的成員外，還藉由精美的插畫，從太陽系的誕生一直介紹到末日，可說是市面上解說太陽系最完整的一本書。在本書的最後，還附上與近年來備受矚目之衛星、小行星等相關的報導，以及由太空探測器所拍攝最新天體圖像。我們的太陽系就是這樣的精彩多姿，且讓我們來一探究竟吧！

人人伽利略 科學叢書 02

恐龍視覺大圖鑑

徹底瞭解恐龍的種類、生態和
演化！830種恐龍資料全收錄　　售價：450元

　　本書根據科學性的研究成果，以精美的插圖重現完成多樣演化之恐龍的形貌和生態。像是恐龍對決的場景等當時恐龍的生活狀態，書中也有大篇幅的介紹。

　　不僅介紹暴龍和蜥腳類恐龍，還有形形色色的恐龍登場亮相。現在就讓我們將時光倒流到恐龍時代，觀看這個遠古世界即將上演的故事吧！

人人伽利略 科學叢書 10

用數學了解宇宙

只需高中數學就能
計算整個宇宙！　　　　　　售價：350元

　　每當我們看到美麗的天文圖片時，都會被宇宙和天體的美麗所感動！遼闊的宇宙還有許多深奧的問題等待我們去了解。

　　本書對各種天文現象就它的物理性質做淺顯易懂的說明。再舉出具體的例子，說明這些現象的物理量要如何測量與計算。計算方法絕大部分只有乘法和除法，偶爾會出現微積分等等。但是，只須大致了解它的涵義即可，儘管繼續往前閱讀下去瞭解天文的奧祕。

★台北市天文協會監事 陶蕃麟 審訂、推薦

人人伽利略 科學叢書 15

圖解悖論大百科　鍛練邏輯思考的50則悖論　　　售價：380元

　　所謂的「悖論」（paradox），是指從看似正確的前提和邏輯，推演出難以接受的結論。本書以圖解的方式列舉50則精彩悖論，範圍涉及經濟、哲學、物理、數學、宇宙等等，例如電車難題、雙生子悖論、芝諾悖論……，形式也各不相同，深富趣味性，有許多悖論至今仍然沒有正確解答，讓科學家傷透了腦筋。讀者可以藉此培養邏輯思考的能力，讓我們擴展視野，發展出看待事物的新觀點！

人人伽利略 科學叢書 17　　　　　　　　　　　　　　售價：500元

飛航科技大解密　圖解受歡迎的大型客機與戰鬥機

　　客機已是現在不可或缺的交通工具之一。然而這樣巨大的金屬團塊是如何飛在天空上的？各個構造又有什麼功能呢？本書透過圖解受歡迎的大型客機A380及波音787，介紹飛機在起飛、飛行直到降落間會碰到的種種問題以及各重點部位的功能，也分別解說F-35B、F-22等新銳戰鬥機與新世代飛機，希望能帶領讀者進入飛機神祕的科技世界！

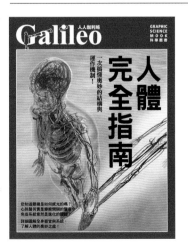

人人伽利略 科學叢書 21

人體完全指南　一次搞懂奧妙的結構與運作機制！　售價：500元

　　大家對自己的身體了解多少呢？你們知道每次呼吸約可吸取多少氧氣？從心臟輸出的血液在體內循環一圈要多久時間呢？其實大家對自己身體的了解程度，並沒有想像中那麼多。

　　本書用豐富圖解彙整巧妙的人體構造與機能，除能了解各重要器官、系統的功能與相關疾病外，也專篇介紹從受精卵形成人體的過程，更特別探討目前留在人體上的演化痕跡，除了智齒跟盲腸外，還有哪些是正在退化中的部位呢？翻開此書，帶你重新認識人體不可思議的構造！

【 人人伽利略系列 26 】

星系·黑洞·外星人
充滿謎團的星系構造與演化

作者／日本Newton Press
執行副總編輯／王存立
編輯顧問／吳家恆
審訂／陶蕃麟
翻譯／黃經良
編輯／林庭安
商標設計／吉松薛爾
發行人／周元白
出版者／人人出版股份有限公司
地址／231028 新北市新店區寶橋路235巷6弄6號7樓
電話／（02）2918-3366（代表號）
傳真／（02）2914-0000
網址／www.jjp.com.tw
郵政劃撥帳號／16402311 人人出版股份有限公司
製版印刷／長城製版印刷股份有限公司
電話／（02）2918-3366（代表號）
經銷商／聯合發行股份有限公司
電話／（02）2917-8022
第一版第一刷／2021年05月
定價／新台幣500元
　　　港幣167元

國家圖書館出版品預行編目（CIP）資料

星系·黑洞·外星人：充滿謎團的星系構造與演化／
日本Newton Press作；黃經良翻譯. -- 第一版. --
新北市：人人, 2021.05　面；公分. —
（人人伽利略系列；26）譯自：銀河のすべて；
ここまでわかった！謎多き銀河の構造と進化
ISBN 978-986-461-241-3（平裝）
1.恆星 2.天文學
323.8　　　　　　　　　　　　110003060

Staff

Editorial Management	木村直之
Editorial Staff	遠津早紀子

Photograph

6～7	Axel Mellinger	73	Local Group Galaxies Survey Team/NOAO/AURA/NSF, 国立天文台		(University of Virginia, Charlottesville/NRAO/Stony Brook University)
22	ESO	74-75	Adapted by permission from Macmillan Publishers Ltd: nature,513,71-73,R.Brent Tully et al.,The Laniakea supercluster of galaxies,04 September 2014	116	de Lapparent, Geller, and Huchra, The Astrophysical Journal,Vol.302:L1-L5,1986, "A Slice Of The Universe" Fig.1
22-23	NASA, ESA, R. Windhorst (Arizona State University) and H. Yan (Spitzer Science Center, Caltech), Bill Schoening, Vanessa Harvey/ REU program/NOAO/AURA/NSF			117	Mitaka: ©2005 加藤恒彦, ARC and SDSS, 4D2U Project, NAOJ, 松原隆彦
23	NASA, ESA, and the Hubble Heritage Team (STScI/AURA), NOAO/AURA/NSF	90	EHT Collaboration	119	NASA, NASA / WMAP Science Team, ESA and the Planck Collaboration, ESA and the Planck Collaboration
26	NASA/JPL-Caltech	91	NASA/CXC/M.Weiss		
31	NASA, ESA, G. Piotto (University of Padua)and A. Sarajedini (University of Florida), Robert Gendler	93	NASA and the Hubble Heritage Team (STScI/AURA)	129	花森 広 /Newton Press
34	小島真也/Newton Press	102	NASA, ESA, and The Hubble Heritage Team (STSci/AURA), NASA, ESA, the Hubble Heritage (STScI/AURA)-ESA/Hubble Collaboration, and K. Noll (STScI), NASA, ESA, the Hubble Heritage (STScI/AURA)-ESA/Hubble Collaboration, and A. Evans (University of Virginia, Charlottesville/NRAO/Stony Brook University)	132-133	Album/PPS通信社
37	ESA/ATG medialab			134-135	Image courtesy of NRAO/AUI
42	NASA/JPL-Caltech			135	2015 Getty Images
58～59	北原勇次			138	Big Ear Radio Observatory and North American AstroPhysical Observatory (NAAPO).
70	Local Group Galaxies Survey Team/NOAO/AURA/NSF, 国立天文台			138-139	藤井 旭
71	国立天文台, Bill Schoening, Vanessa Harvey/REU program/NOAO/AURA/NSF, 国立天文台, F. Winkler/Middlebury College, the MCELS Team, and NOAO/AURA/NSF, ESO/Digitized Sky Survey 2, Robert Gendler	103	NASA, ESA, the Hubble Heritage (STScI/AURA)-ESA/Hubble Collaboration, and W. Keel (University of Alabama, Tuscaloosa), NASA, ESA, the Hubble Heritage (STScI/AURA)-ESA/Hubble Collaboration, and M. Stiavelli (STScI), NASA, ESA, S. Beckwith (STScI), and The Hubble Heritage Team (STScI/AURA), NASA, ESA, the Hubble Heritage (STScI/AURA)-ESA/Hubble Collaboration, and A. Evans	146-147	SPL/PPS通信社
72	国立天文台, Robert Gendler, ESO/Digitized Sky Survey 2			150-151	NASA, ESA and Jesús Maíz Apellániz (Instituto de Astrofísica de Andalucía, Spain). Acknowledgement: Davide De Martin (ESA/Hubble)
				171	NAIC – Arecibo Observatory, a facility of the NSF, Arne Nordmann

Illustration

Cover Design	米倉英弘（細山田デザイン事務所）（イラスト：小林 稔）	81	吉原成行		and the AIA, EVE, and HMI science teams.)
1	小林 稔	82-83	Newton Press・加藤愛一	144-145	Rey.Hori
2	Newton Press	84～89	Newton Press	148-149	Newton Press [星雲と恒星：NASA, ESA and Jesús Maíz Apellániz (Instituto de Astrofísica de Andalucía, Spain). Acknowledgement: Davide De Martin (ESA/Hubble)], （電波望遠鏡）吉原成行, （隕石衝突）荻野瑶海
3	Newton Press, 小林 稔, Rey.Hori	92	Newton Press（【地図のデータ】Reto Stöckli, Nasa Earth Observatory）		
5	Newton Press	95～101	Newton Press	151	Newton Press
7～21	Newton Press	104～111	Newton Press	152-153	Newton Press（トラピスト1の惑星：NASA/JPL-Caltech）
24～33	Newton Press	113～116	Newton Press		
36	小林 稔	118-119	Newton Press	154-155	Newton Press
38～43	Newton Press	120-121	黒田清桐	156-157	Newton Press・カサネ・治・藤井康文・吉原成行
45～47	Newton Press	122～123	小林 稔	158～165	Newton Press
48-49	奥本裕志	124-125	黒田清桐	166～169	Rey.Hori
50～66	Newton Press	126～128	Newton Press	170	Newton Press
67	デザイン室 吉増麻里子・Newton Press	131	小林 稔	172	Newton Press
68～71	Newton Press	136-137	小林 稔		
77～81	Newton Press	140-141	小林 稔		
		142-143	Newton Press（太陽：Courtesy of NASA/SDO		